图解种植设计

（原著第三版）

Landscape Architecture: Planting Design Illustrated
（3rd Edition）

[美] 陈钢 著

谢纯 林琳 刘明欣 译

U0321735

中国建筑工业出版社

著作权合同登记图字：01-2012-2543号

审图号：GS（2015）1582号

图书在版编目（CIP）数据

图解种植设计（原著第三版）/（美）陈钢 著；谢纯，林琳，
刘明欣译. — 北京：中国建筑工业出版社，2014.9

ISBN 978-7-112-17168-2

Ⅰ.①图… Ⅱ.①陈… ②谢… ③林… ④刘… Ⅲ.①园
林植物—景观设计 Ⅳ.①TU986.2

中国版本图书馆CIP数据核字（2014）第189198号

LANDSCAPE ARCHITECTURE: PLANTING DESIGN ILLUSTRATED（3rd edition）
by Gang Chen was first published by ArchiteG, Inc.

责任编辑：段　宁　董苏华
责任设计：董建平
责任校对：姜小莲　关　健

图解种植设计

（原著第三版）

Landscape Architecture: Planting Design Illustrated
(3rd Edition)

[美]　陈钢　著

谢纯　林琳　刘明欣　译
＊
中国建筑工业出版社出版、发行（北京西郊百万庄）
各地新华书店、建筑书店经销
北京京点图文设计有限公司制版
北京中科印刷有限公司印刷
＊
开本：787×1092 毫米　1/16　印张：11½　字数：240 千字
2015 年 8 月第一版　2018 年 1 月第二次印刷
定价：**48.00** 元
ISBN 978-7-112-17168-2
　　　（25756）

版权所有　翻印必究
如有印装质量问题，可寄本社退换
（邮政编码　100037）

"我觉得这本书太吸引人了。读它时你需要集中注意力，但这绝对值得。"

——博比·施瓦兹（Bobbie Schwartz），职业景观设计师协会（APLD）前主席，著有《The Design Puzzle: Putting the Pieces Together》

"这是一本必须要读的书，而且非常值得读。陈钢的这本书使你学得到关于景观基本原则，比如颜色、环境和群植等的知识远远超过从其他书里学到的。"

——简·伯杰（Jane Beiger），gardendesignonline 主编和出版人

"我买过很过园林图书，陈钢给我印象最深的是对中国和日本园林种植设计新内容的总结。很多园林图书探讨了日本园林的美，一些图书探讨了中国园林的独特魅力，但这本书阐释了中国和日本的历史、地理和艺术传统如何影响了各自园林风格的发展。本书关于传统西方园林种植的资料也是全面而具有启发性的。《图解种植设计》完全值得反复阅读和研究，任何园林设计师都会从中受益。"

——简·惠特纳（Jan Whitner），《华盛顿植物园公报》（Washington Park Arboretum Bulletin）主编

"《图解种植设计》附有带注释的参考书目和内容丰富的附录，非常便于读者阅读和实践。这些附加内容为个人、专家、学者、社团图书馆很好地推荐了园林和景观的参考书目及补充阅读书单。"

——《中西部书评》（Midwest Book Review）

"从哪里开始呢？首先，《图解种植设计》很吸引人，令人振奋。本书不是讲述外行读者每天要面对的内容，而是用易读、易懂的方式讲述了不可能的主题。本书组织严密，附有内容详尽的目录、参考书目和附录。本书虽然内容专业，但是写法亲民，给阅读带来乐趣。用详细而精美的插图来阐释概念是我最喜欢的部分。这是我过去 5 年中在本领域看到的最好的书之一。"

——《读者文摘》第 16 届年度国际子出版图书奖评选评语

"我认为本书非常适用于普遍的种植设计，系统讲述教学中很难的部分，至少在我的经验里是这样。园林设计原则的美妙哲学就是有类似诗歌的特点。我确信这本书非常值得出版，供专家、学生和园林爱好者使用。"

——唐纳德·C·布林克霍夫（Donald C Brinkerhoff），美国景观建筑协会理事（FASLA），国际著名景观设计公司 LSI（Lifescapes Interantion Inc.）主席兼 CEO

目　录

第二部分　自然式种植设计和中国园林案例研究

附　录

前　言

唐纳德先生（Mr. Donald B.），美国景观设计师协会理事，一家著名景观设计公司的首席执行官兼主席，偶然间阅读了我关于种植设计的手稿副本，很是惊讶，并鼓励我寻求机会将其出版。我先前从未听闻过他。他请求我的一位朋友（他公司的一名雇员，也是从他那里得到了我的手稿副本）安排与我会面，共进午餐。那次晤面他告诉我，他难以描述我的手稿给他所留下的深刻印象，他觉得自己发现了一份隐藏的珍宝，并且也想让别人知道它、分享它。他认为将其束之高阁是非常可惜的，而应该在种植设计的教育与实践领域广泛推广。事实上，他相当喜欢那份手稿，以至于他要求我授权他的公司将其影印6份以供内部使用。他还要求他公司的每一位设计师都来阅读我的手稿，并将那些原则和概念用于他们的设计。

唐纳德的公司是一家知名的景观设计公司，在拉斯韦加斯和其他地方设计了许多景观项目，包括美丽华酒店、百乐宫大酒店等。唐纳德是一个备受尊重的景观设计师，并在景观领域有超过50年的设计经验。他是美国景观设计师协会的一位资深会员（美国景观设计师协会理事，美国景观设计师协会最尊贵、水平层次最高的成员）。他的鼓励着实给了我很大的信心去尝试修订我的手稿并将其出版成书。

我拓展了我原稿的内容以涵盖更广泛的园林，并添加了一些基本但实际的种植设计元素，以满足更广泛的主流观众。以前的各种园林出版物将不同的园林视为孤立点，我用种植设计作为一个主要的桥梁来将不同国家、不同风格的园林联系起来进行讨论。我试着分析对比它们，并发掘其间的差异和联系。我比较了不同的园林风格，并指出了每一种园林风格的独特之处以及其种植设计特点，同时也尝试发掘概括出它们共同的原则和理念。我讨论设计的历史渊源，但不仅仅只是为了历史，而是希望找出如何从历史中学习，并将其应用到我们今日的实践当中。我分析了历史的发展、框架、基本原则和各种园林发展的主要趋势以及其种植设计，特别注意了它们在现代景观实践和种植设计领域的潜在用途。如果你稍微具备种植设计的知识，那么读完本书之后，你对于种植设计就会有一个很清晰的框架。即使刚开始你可能不能完全理解透彻，但你可以留存信息，并在获得更多景观建筑学的知识后，随时回来翻阅。另外，我也试图从种植设计的角度来看当代景观设计教育和实践，并尝试为普通读者介绍景观实践和种植设计。

我已经花了很多精力修改这本书，使其适用于美国和其他国家的当代景观设计教育和实践。这本书专注于种植设计，因为那是景观设计专业在美国和其他许多国家学习的方式，也是景观事务所的设计实践方式。这本书旨在提出务实、有用的原则和概念，并协助在美国和其他国家的景观设计师、设计专业人士和园艺爱好者解决实际问题。

对于专业设计师和普通的园艺爱好者，这本书会是一个非常有用的资源。这里用清晰易懂的语言论述了不同的种植设计原则和理念。它不仅可以帮助普通的园艺爱好者、新入职的景观设计师或景观专业的学生去学习如何进行种植设计，而且也能作为桌面参考书服务于经验丰富的景观设计师、建筑师、城市规划师及其他专业设计人员。它还可以协助普通人或足不出户的旅行者在较高的层面理解和欣赏园林及其种植设计。

对于高校中景观建筑学专业的学生来说，本书可以作为教科书或参考书。种植设计虽然是高校景观建筑学专业的一个主要必修课程，但在现有的课本或参考书中，能够系统地涵盖种植设计的学术研究和设计方法的只有很少数。种植设计课程质量水平的高低，很大程度上取决于授课老师，而他们往往是来自校外设计事务所的兼职讲师，学术水平也参差不齐。有些老师并不能教好种植设计课程，他们只是放映一些幻灯片或已完成的种植设计图纸，而没有教授学生如何形成种植理念和进行取舍，是什么样的设计过程？是什么样的设计原则、理念和方法？在种植设计课程中，现在几乎没有或只有很少的常用"标准"书籍。在大多数的时间里，每一个讲师或教师都只是复制那些不同书籍中他们觉得有趣的页面来使用。

景观建筑学或园艺的书籍有很多，它们讨论植物或园林现状，但可惜的是，真正涵盖种植设计的设计方法或者设计原则和理念的很少，而这恰恰是种植设计最重要的方面。

可用的书籍可以分为下列几类：

a. 咖啡桌上的摆设用书，使用漂亮的照片和一些说明，但没有设计原则或概念。这些书籍的大部分内容都是描述花园实况，却很少提及设计原则和理念的分析。景观设计的教学和实践与这些书籍所描述的方式是很不同的。

b. "字典"或植物的百科全书，告诉人们植物的学名、属性、冠幅以及是落叶或常绿。这类书最有名的就是 Brenzel 的著作《黄昏西方园林》。在美国西部，它有时也被称为景观专业的"圣经"。在种植设计的理念涌现并成熟之后，这类书在植物选择方面就很有用了。例如，如果我已经决定在庭院或商业广场种植一棵大树，树冠大约 40 英尺（编者注：1 英尺 =0.3048 米），而此树还是落叶植物，那么我就可以通过这些字典或植物百科全书去寻找到适当的植物。我可以从许多不同种类的树木中选择以达到预期的设计效果，但基本的空间概念将保持不变，这是在我查找字典或百科全书之前就决定好的了。比字典或植物百科全书更重要的书，是那些讲解设计原则或理念、基本空间的设计理念和主题的书。这也是我这本书面向的需求所在。设计者对于种植设计原则和理念的有效利用将决定最初的概念、布局和各种植物的空间关系，也在很大程度上决定了一个园林设计的最终效果。我们可以用写文章来比喻园林设计：一本好字典很重要，但没有人可以通过仅仅阅读一本字典学到如何书写一篇文章。更重要的是，我们需要学习如何组织布局，在落笔之前想好主题、理念和全文框架。

c.园艺的书，上市品种、气候区、土壤改良剂等。这些书基本上是告诉人们如何种植树木以及其他植物，确保它们能存活并且可以良好、健康地生长。

现有的大部分关于景观和园林的书籍的内容都是对园林现状的描述，然而关于种植设计原则和概念分析的却很少。同样，景观建筑学教学方法与实践的方式与这些书籍中描述的方式是不同的。在高校，景观设计的主要课程有种植设计和灌溉设计（如何设计和布局植物的灌溉系统）。在景观设计公司，其主要的设计重心和重要图纸是种植规划设计（植物设计），还有灌溉设计（他们的灌溉设计往往是景观公司以外的专业顾问所做的）。现有的园林设计书籍还不能吸引专业设计人员和学生，可能是因为他们没有重点关注种植设计。其他可用的书籍虽然包含"种植设计"这个字眼，但却往往很少讲解到植物设计的原则和概念。

关于自然种植设计部分，本书以中国古典园林作为个案研究，但它与以往研究中国园林的书籍不同，因为现有其他书籍没有重点研究种植设计。笔者本书的目的在于满足很多国家对于景观建筑设计教育以及实践的基本需求。

种植设计，与其他艺术门类一样，是一个累积的过程。我们不仅需要致力创新，还需要学习历史。我们面临的挑战不在于是否应该学习历史，而在于如何从历史中吸取经验教训，如何区分什么是不变的、永恒的，什么是暂时性的、只有一定学术价值的。

在最近的几十年中，随着经济的发展，人民生活水平的迅速提高，人们并不满足现有的居住环境了，他们想提高整体生活环境的质量，包括城市公园、社区公园、街道等公共空间和住宅小区内的绿化带、公寓的庭院等半公共的场所，以及私人空间：自己的家。种植是实现这一目标最重要和最有效的景观设计方式之一。但目前的种植设计已经失去了对传统做法的继承。出现这种情况的一个重要原因是缺乏当代景观设计的理论，特别是不能关注景观种植设计原则和概念，对传统园林艺术能真正理解以及对以前成功的种植设计案例进行分析的景观理论更是罕见。在此期间，现有的种植设计类文献确实需要被推广和理顺，以满足今天的需要。

因此，关键就是要努力建立一个关注设计原则和概念的当代景观种植设计理论，其根源来自传统园林的设计理论和以前成功的种植设计案例，以适应人们不断增长的需求。

本书的目的是：

（1）利用现有的材料，总结以前园林设计师有意识或无意识间用到的种植设计原则和概念；

（2）用这些原则去分析一些典型的园林和它们用到的植物；

（3）尽量概括一些种植设计的实践模式；

（4）评估我们已经得出的结论意见和阐明那些原则、规范和模式背后的相关理论；

（5）判断用紧密相关的理论框架来解释那些结论意见的作用效果以及探索新环境条件下在现代种植设计中应用这些原则和模式的可能性。

即使种植是园林中的基本要素之一，但大多数研究人员都忽略了它的设计理论，到目前为止很少有对关注设计原则和概念的种植设计理论进行全面研究的。因此，本书的意义显而易见，因为在没有对种植设计历史进行全面研究的前提下，任何对种植设计及理论的改进和进步都将是不可能实现的。

现有的书籍很少对全面的种植设计的原则和概念进行讨论。因此，本书将会有益于现代种植设计理论的形成，将有助于表明种植设计的现在和未来的发展趋势；可以让专业的设计师和普通的园林爱好者更好地了解种植设计原则和概念，并且对于种植设计理论的进一步发展也能起到关键性的作用。

本书几乎涵盖了种植设计的各个方面。我打算把重点放在与当代景观以及种植设计教育和实践中的常见问题，和有关的普适性原则和概念上。我已经用了一些在加利福尼亚州的园林作为案例研究和数据来源，原因很简单，因为我很容易就能实际接触到它们。如果我能更容易接触到其他的花园的话，我当然也会用它们作为案例研究以及数据来源。

尽管许多关于自然种植设计的专门案例研究是基于中国古典园林，但我们总结的那些原则、概念和方法是普适的，并且对其他的园林设计有很大的借鉴性：从大自然中学习，使用文学、绘画和诗歌作为灵感来源，等等。

我们可以使用从中国园林案例中研究学习到的方法，从莎士比亚的作品或任何其他伟大的西方文学作品中吸取经验和构思创意概念，创造一个自然的、但很西化的园林。也可以从美国或英国的风景绘画和诗歌中获取灵感，并用它作为园林设计中的原始概念，以创建一个美国或英国风格的园林。在对中国园林和日本园林以及其种植设计的比较研究中，也将会证实这一点，在本书后面章节中对中国古典园林和英国自然风致园以及两者植物种植设计的比较研究中同样也会证实这一点。

我还打算把种植设计提升到一个更高的水平：我们不仅要考虑功能、生态和种植设计美学方面，也包括历史内涵、心理作用、象征意义和理性审美观念。我花了很多精力在这本书上，努力实现这一目标。

本书的研究方法包括：

（1）资料研究：①古代文献；②现代植物和园林文献；③相关学科的资料：美学、生态学、哲学、历史、文学、艺术、植物、地理、气候、园艺、农业等。

（2）访谈：大师景观作品、种植设计、美学和文学等，用于概念生成和技术问题的参考。

（3）实地考察：书中讨论过的许多园林我都曾经去过。对于这些园林以及实地考察中接触材质的印象和记录对于我思路的发展和写书是很有帮助的。在实地考察中获得的一些草图和照片也都用作了书中的数据。

（4）个人分析、发现和意见。

本书的编排组织是由总体到具体，从理论到实践，从过去到现在和未来，穿插讲解背景（历史、文化、环境等），以及对设计原则和概念的强调。

本书中选择并讨论了许多世界遗产委员会，联合国教育、科学及文化组织列入世界文化遗产的园林。这些园林包括法国凡尔赛宫，中国的承德避暑山庄、颐和园、苏州古典园林。

在书的结尾处附带了一个注释的参考书目，它列出了几乎所有的主要景观和园林的书籍，并且对每本书进行了简要的描述和评价。

我编写书籍的很多信息来源于很多专业书籍和专业设计人员，以及我自己的经验，并对关于种植设计和概念的方法进行讨论和分析。这就像蜜蜂如何制造蜂蜜：它们从许多花朵（参考书籍）中收集材料和营养并且努力工作，最终酿成蜂蜜。本书试图在种植设计原则和概念的领域建立一个全面的框架和系统。

如果本书能"抛砖引玉"并促进在种植设计不同方法和方面的研究，我会感到很满意。

照片和线图会根据索引标示放置在书中的前一页或者后一页。

所有的中国人名、地点和园林的名字都将使用拼音，这是一种根据中国通用的普通话发音的汉语拼音法。如果参考使用的是更悠久的威氏拼音法，那么马上会在后面的括号中给出拼音的注释。拼音字母表、威氏拼音对照表，以及相近的英语发音将在书的结尾部分列出。

为简单起见，当我用"他"时，同时也意味着"她"。

如果您有任何意见，或者有一些好的种植设计图纸、照片和例子希望它们出现在本书的下一版中，请发送电子邮件至 plantingdesign@yahoo.com。

真诚的

陈　钢

第一部分

基本种植设计原则、概念及花园中的种植设计

第一章　基本种植设计原则与概念

1.两种主要绿化系统种植设计的对比

种植设计是为达到最佳的美学、功能、生态和符号的效果而对植物进行布置。尽管世界上有各种园林风格，但是园艺和种植设计可以归纳为两个主要的绿化系统：规则式园林和自然式园林。规则式园林的主要代表有：埃及园林、波斯园林、伊斯兰园林、意大利园林、法国园林、部分美国园林和部分英国园林等。自然式园林的主要代表有：中国古典园林、部分英国园林、部分日本园林和美国园林等。

当我们讨论规则式园林时，我们总会提起法国园林。我们需要指出的是，法式花园既不是第一也不是唯一的几何式花园的拥有者。在意大利、德国、美国、加拿大和一些伊斯兰国家等有很多成功的规则式园林作品。规则式园林可以划分到内庭院式花园、开放式别墅和几何式花园。规则式园林跟自然式园林的区别在某些领域是不清晰的。比如，即使大多数中国古典园林是自然式，我们也可以在一些中国古典园林中看到规则式的种植布局。日本园林中规则式园林的一大特点是修剪精致的植物，但它们也有许多自然主义种植设计原则与中国古典园林相同。不是所有的英式园林都是自然式的，早期的英国花园则是属于欧洲规则式风格。在本书中我们主要是用规则式园林和自然式园林去描述种植设计的主要流派和发展趋势。

规则式园林种植设计的主要特征是强调人工美。规则式园林的模式是建筑的延伸，其线条由建筑要素所控制。自然轮廓经常被彻底改变，土地被夷成平地。植物围绕着中轴线被组织成对称和规则的方式。它们常常被修剪成几何形状，其位置、形状和大小经常反映出几何关系和代数比例。这基本上是一个客观的方法，而且它的原则和理念和这些建筑设计很是接近。

自然主义植物设计则展示了完全不同的观点，它强调自然美。即使园林是由人类设计和创造出来的，但是它们也应该看起来像是在自然中诞生的一样。植物是以不规则、不对称的方式形成的。直线和几何图形经常避免用在植物的布局和形式上。从这里开始，我们可以看到自然式园林和植物设计展示了一个很强烈的趋势，就是诗韵氛围和场景画面感的产生。他们努力实现艺术的理念。这可能是因为园丁和诗人过去在自然式园林中已经做了大量的园艺和种植设计。这基本上是一个艺术的、主观的方法，而且它的原则和理念是和建筑设计有差别的。

我们不是说哪个植物系统更好。事实上，每种植物设计的风格都是独一无二的，并且都有着截然不同的特点。你需要决定使用哪一种植物设计系统，这是建立在实际的项目要求和设计目的的基础上的。有时候，也会结合两种系统一起使用。决定需要根据特定的项目情况而定。

2. 如何处理植物设计的问题

a. 植物设计的基本理念、构架和概述

第一步，问你自己几个问题：这次种植设计项目的主题和目的是什么？基本理念是什么？这次种植设计的框架和概述是什么？

近几年，"Genius Loci"（发音作"loh-kai"）这个拉丁词语在景观建筑学的教学和实践中广为流行。它象征着一个场地独有的场所精神。我们坚信，每个场地都有一种超越功能和美感的特殊重要性和独有的含义。这可以成为找到一个植物设计项目的基本理念的好方法。关于场地的历史和背景，你可以做各种各样的调研工作，并且尝试去定义该场地的"场所精神"，然后将设计落实于此。这是来自古代西方文明的普遍哲学观点。这个方法集中使用于目标场地的研究上。在本书中自然主义植物设计的部分，我们将会详细地讨论另一个重要的审美观念——"易经"。这是一个来自古代东方文明的观念。它强调主观观点、思想和情感与现实生活、场景、环境的联系。你将你的观点、思想和情感同现实生活、场景和环境混合起来，可激发产生相似的情绪环境。这同样也适用于创作一个项目的基本理念。这个方法的关键在于设计者主观想法和场地客观条件二者间的相互影响。

植物设计的框架可能会反复修订好多次。这个框架应该在设计的下一步之前完善。这是设计的最重要组成部分之一，将会决定这个植物设计的最终成果。在制定植物设计的框架和概述时，一些重要的决定就不得不确定下来。这包括采用规则式的植物设计方法还是自然式的植物设计方法，以及设计的意图是什么等。

b. 植物类别的思考

在种植设计的初始阶段，你可以按照大的类别（草坪、地被植物、绿篱、灌木和乔木等）考虑植物，这样可以避免把你的思路限定在某个特定的植物上。你可能会考虑到种植的空间序列、效果和植物的一般特性。一旦这些都决定了，就会很容易选择植物。有大量的植物百科书籍、植物列表和苗圃目录可以帮助你选择合适的植物，以实现你的设计意图。许多当地的植物供应商和苗圃机构也愿意协助你来选择植物。

在本书的前半部分，我们将尝试按照大的类别来讨论植物，而植物的图像也会是简单

抽象的。这部分是为了构成种植设计的一般原则和理念。在本书后面的章节中，关于种植设计我们将作详细和深入的讨论。我们还将讨论一些特殊的植物和它们的特性。

每种种植设计可以被认为是在四个不同尺度的设计：城市尺度、广场或社区尺度、建筑尺度以及细节尺度。接下来，我们来讨论每个不同尺度的设计。

c. 城市的尺度

你可能会联系整个城市来考虑你的种植设计项目。这是最重要的尺度却常常被设计者所忽略。比如，华盛顿特区的国家广场（The Mall）位于这座城市最重要的轴线上。这条轴线连接着肯尼迪（Robert F. Kennedy）纪念体育场、林肯公园、美国国会大厦、华盛顿纪念碑、国家二战纪念碑和林肯纪念堂。

这意味着在国家广场使用礼仪式、规则式和古典式的种植设计将是很有意义的，可能会以一种对称的方式来强化这条重要的轴线。沿着国家广场的树木可能需要足够高大，以匹配美国国会大厦和林肯纪念堂中高柱以及其他的建筑部分的尺度。中心区适合种植草坪或其他低矮植物，以免挡住沿着美国国会大厦、华盛顿纪念碑和林肯纪念堂这条轴线的视线。整个种植设计的主题可能是宏伟且庄严的，以此彰显联邦政府的强大权力（图1.1）。

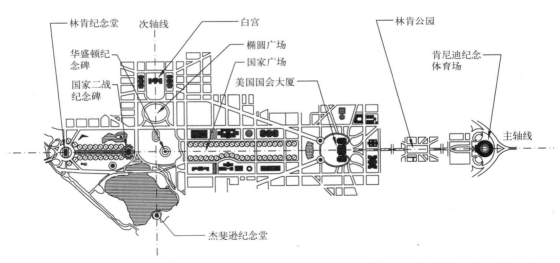

图 1.1 在华盛顿特区国家广场中的树应该是对称的且足够高大，可以与整体城市的设计理念相匹配

这里的植物设计布局也应该符合皮埃尔·朗方（Pierre l'Enfant）在 1791 年提出的整体城市的初始设计理念，以及他想要创造的"林荫大道"（Grand Avenue）和宽敞的纪念性公共空间，可以象征美国是富有发展空间的国家。

纽约中央公园是一个景观设计的世界奇迹。在过去的 150 年里，它经历了许多变化，然而其最根本的理念和整体布局是在 1858 年由原设计者弗雷德里克·劳·奥姆斯特德

（Frederick Law Olmsted）和卡佛（Calvert Vaux）共同决定的。从城市的尺度出发，他们决定为纽约市创造一个集中的大型公园，取代多个小公园。这个公园的整体设计是自然主义和风景如画的景观，可以为人们提供一个逃离都市压力的去处。他们相信自然的治愈力量。这个公园几经改变，然而整体特色与原始设计基本保持一致（图1.2）。

在20世纪90年代初期，我在洛杉矶参观了一个关于韩国艺术博物馆设计方案的展览。这有超过300个方案，许多方案都来自国际知名建筑设计事务所。每一个方案都有出色的图纸表达、模型和陈述。我在猜想评委是如何从众多非凡的方案中挑选的。看起来难以决定谁是获胜者，但所有评委投出一致的选票得出最终获胜者。获胜者并没有做特别复杂的工作。获胜方案能够超越其他方案在于他们在城市尺度下做的设计策略：设计理念取自韩国传说，一座被古亭所覆盖的巨大的钟，曾是传统的韩国社区的中心。设计者为城市创造了一个巨大的公共场所，被"城市的屋顶"覆盖着。设计者创造了一个由多层建筑围合形成的U形空间，它复杂的盖顶或者说是巨型"城市屋顶"是由上层的建筑楼层所形成的。在盖顶之下是一个抽象造型的礼堂，模仿被古亭覆盖的大钟的形式。这位设计者以现代的风格融入了韩国的传统，并且通过大胆的想象以城市的尺度开创了一个重要的公共场所。他在城市尺度下提出的创造性的理念是成功的关键。

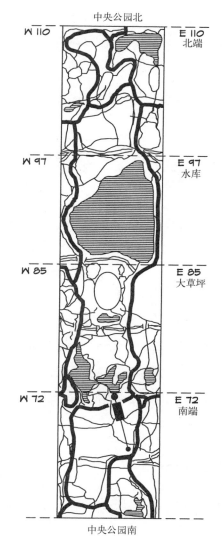

图 1.2 纽约中央公园的整体种植设计被定义为城市尺度下的自然主义

我们可以应用同样的原理来进行种植设计。景观设计师也许需要去把握每一个在城市尺度下创造有意义的公共场所的机会。当我们进行种植设计时，我们不只是在植树，我们同样也是在创造重要的公共或私密空间。在城市尺度下做种植设计时的整体布局是至关重要的。

d. 广场或社区的尺度

植物可以用来强化广场或社区的设计理念。例如，在一个有着圆形喷泉和放射性道路的广场，树木可以以一种近似圆形的形式布局来加强这个广场的总体设计理念（图1.3）。

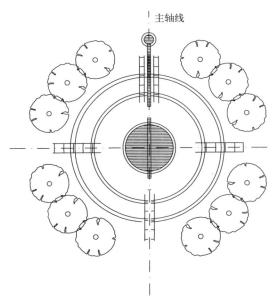

主轴线

图 1.3 广场尺度下树木种植可以与广场的设计理念相匹配

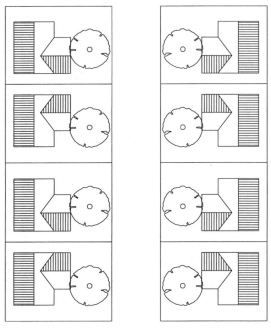

图 1.4 在每家每户前种一棵树就可以形成绿树成行的街道

在一个居住区中，如果设计师可以在广场或社区的尺度上花一点心思，便可以形成独一无二的影响。

例如，如果一个设计师沿着居住区街道在每一户的前庭都种一棵树，这将会开创一条绿树成行的街道。如果所有的树形都相同或相似的话，这条街道将可能会变得很特别。如果这个地区是刚刚发展的话，这条街甚至可能以所用树的名字命名 [枫树街（Maple St.）、梧桐街（Sycamore St.）等]（图 1.4）。一个新片区的房子的发展将会为设计师提供在广场或社区的尺度下创造独一无二特征的机会。这通过将植物设计的要求包含在屋主协会（HOA）的合同、环境状况、制约条件（CC and R）中就可以达到。

为了避免植物缺陷造成在整片区域或者整个市区被一种昆虫或疾病彻底毁灭，不同的街道应该使用不同的树种。即使是同一条街道也可以有两种树形相似但树种不同的树，而且这两个树种都可以改变其他每一棵树。

这些被用在街道上的树木要能够历时久、够坚韧，而且不能生长得太慢。它们必须足够强壮，经得起狂风暴雨，并且不会掉太多落叶。它们要能够忍耐大雾、灰尘、毒气，分散的高枝要有适宜街道尺度的高度和冠幅，并且有着坚硬牢固的树皮。它们也需要拥有一个紧密且约束的根系，或是一种可以经受苛刻条件的能力，只有最少量的养分和水分时也能存活下来。[1]

1 Robinson, Florence Bell. *Planting Design*. Illinois: The Garrard Press, 1940. pp.168-182.

e. 建筑的尺度

你需要考虑植物与建筑物之间的关系。植物设计的尺度、比例以及建筑旁的植物的尺度可能都需要根据建筑群的大小、高度和尺度来选择。

如果一栋建筑有一大片的墙面，那么它可能显得有些单调；植物就可以用来丰富建筑立面。攀缘植物（葡萄树或其他攀缘类植物）经常被用来攀爬大面积的墙面，以形成一种特殊的组合，或者沿着柱廊或拱门攀爬来使建筑的各立面更柔和。

如果一个建筑物的立面看起来太过平坦，那么高大的树可以用来打破冗长乏味的天际线，然后创造出更加有趣的立面效果。在雨棚或其他建筑部位形成的阴影处可以摆放一些喜阴的植物。那些摆放在靠近或在建筑窗户前面的植物（尤其是多层建筑）必须是细叶类，避免阻挡室内人们的视线（图 1.5）。树冠厚重巨大的树不能种在建筑的窗前。想要从建筑的窗户往外看这是人的天性。许多人都抱怨过他们的视线被窗户正前方的树挡住。

窗前的树应该是细叶类，可以不阻挡住视线

可以被俯看到的树应该有良好的树顶形态

图 1.5　纽约中央植物及从建筑往外看的视线

f. 细部设计

你可以利用植物的多种特性。既可以利用植物来制造声音效果，也可以善于利用植物的颜色和气味，强调突出植物枝条形成的线性美。尤其要记住的是，大多数的装饰性植物可能需要种在一个近距离的视线范围内，让人们能看到它们的装饰性特征。举个例子，装饰性的植物可以种在正好临近步行道的位置以获得最大的曝光量，也可以沿着跌水种植以形成一个园林的焦点。装饰性的植物和跌水两者同时可以布置在临近步行道的近距离视野范围内。

对于大多数普通甚至是出色的居住区公园来说，地被植物、多年生植物、一年生植物、树篱和灌木都能够制造出非常显著的效果，它们能为种植设计提供多种多样的色彩、质感和趣味。这些小花园尽管只是小打小闹，但它们同样能表现得很出色。

我曾经和一位著名的景观设计师谈话，当我问道他成功的秘诀是什么时，他告诉我："成功在于细节，上帝也同样存在细节之中。"这可能只是夸大其词，但是，这的确表明了细节对于景观和种植设计是非常重要的。关于细节尺度下的种植设计，在本书后面的章节里将会以中国园林作为研究实例展开更加全面的讨论。

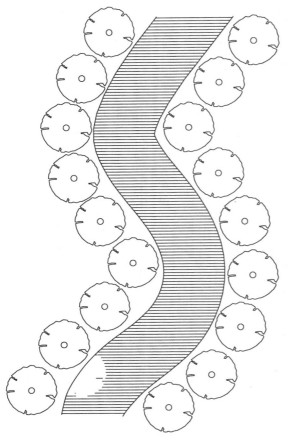

图 1.6　沿着溪边种树

g. 遵循已有的形态

对于种植设计有一条非常重要的原则就是要遵循原有的空间、地形、建筑以及其他设计因素的已有形态。沿着湖畔、溪边、建筑的外围以及空间或场地的边界种植树木是一种实现空间效果的有效方法（图 1.6、图 1.7）。在洛杉矶的盖蒂博物馆，设计师沿着溪边种植了两排落叶树和一些低矮的装饰性植物，直接指引向中央花园。这些植物强化了主要的设计特色之一——人工湖。穿过湖的一条供游人漫步的走道，能让游客在细节的尺度下，近距离地欣赏那些低矮的装饰植物和湖景。

几排落叶树可以沿着一条弯曲的道路和人行道种植。在冬天，树木的枝条能为行人还有驾车路过的司机制造出一道华丽的风景线；在夏天，树叶生长茂密，能为行人提供浓荫。

3. 绿化设计的基本原理

a. 植物材料

关系到一个特殊的目的，这世界上所有的植物都能被归置到一种分类或列表体系中。例如，根据以亲缘关系、演变、结构为分类基础的植物学家林奈（Linnaeus）科学分类法，植物可以被分类为门（Division）、亚门（Subdivision）、纲（Class）、亚纲（Subclass）、目（Order）、

图 1.7　沿着路边种树

科（Family）、亚科（Subfamily）、属（Genus）、亚属（Subgenus）、种（Species）、亚种（Subspecies）、变种（Variety）和变形（Form），这种分类方法对于精确指明和识别不同地区和国家的植物是非常有效的，但是它们在描述、分析和研究植物的形态和习性方面起不了多大作用，也不能很好地表现种植设计的设计理念。

这里我们采用了一种更加实用有效的分类体系，并将它运用到我们关于植物材料的讨论中。这种体系是由通用术语构成的，应用于大多数苗圃中。每一种植物都用一种植物学名和一种通用名来识别。植物学名由科和属组成，这是植物的拉丁名，通常用斜体字表示。植物的通用名是植物在这个地区的通俗常用名。有时，相同的通用名在不同的地区代表着不同的植物，这就是为什么种植平面图总是包括植物的植物学名还有它的通用名的原因，是用来精确识别每一种植物，避免混淆。景观设计师们会准备种植方案作为业主和承包商之间的合法合同的一部分。种植平面图必须精确无比。

这一植物的分类体系会考虑到大小、外观、形态、习性、花期、色彩还有质感等。根据这个体系，植物可以划分为乔木、灌木、藤本植物和攀缘植物、地被植物、水生植物和半水生植物、竹类植物等，每一种植物可以根据尺寸分组：高、中、小、低、矮等，这些分组可以通过语言描述来进一步定义：落叶、常青、阔叶、针叶、开花、秋叶等，木本植物（乔木和灌木）可以构成一个园林的结构，草本植物（一年生植物、多年生植物以及攀缘植物等）可以装饰、丰富园林的结构。

b. 植物的外形

"形态"和"习性"都是描述植物外形的通用术语，但是，什么是一个植物的"形态"和"习性"呢？

"习性"是指植物的生长方向，而"形态"是由枝和叶构成的植物轮廓。

在上述定义的帮助下，我们能根据植物的外观来进行分类。例如，根据它们的习性，植物可以分组为图 1.8 所示类型。

多枝的植物和倒垂向下生长的植物

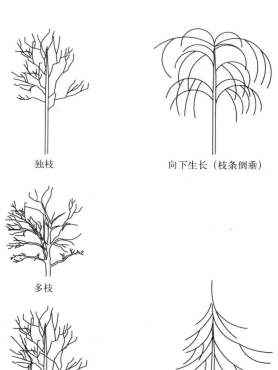

独枝　　　　向下生长（枝条倒垂）

多枝

向上生长　　　向下生长（枝条悬垂）

图 1.8　植物的生长习性

9

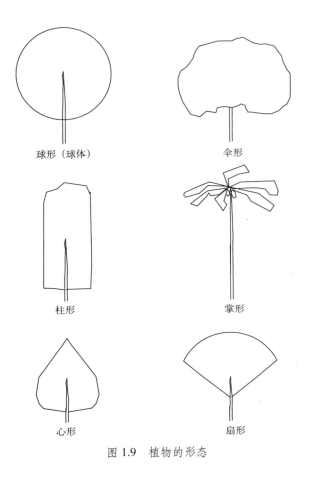

球形（球体）　　　　　　　伞形

柱形　　　　　　　　　　　掌形

心形　　　　　　　　　　　扇形

图 1.9　植物的形态

种类常常出现在中式或日式园林中。

根据形态，植物可以分为图 1.9 所示种类。

伞形、掌形或者不规则形态的植物常常会运用在中式园林里面。

除了形态和习性，色彩和质感是其他两个重要的植物特性。观赏者和植物之间的距离同样起到非常重要的作用：在近距离，观赏者会更多地注意到植物的色彩和质感；在中距离，观赏者会更多地注意到植物的光影和形态；在一个很远的距离，观赏者会更多地注意到植物的轮廓。

c. 色彩、质感和体量

你大概早已在艺术或绘画课上学习了色彩，种植设计中的色彩运用同绘画在某种程度上是相似的，但是两者之间仍然有一些非常明显的差别。例如，当你在画画时把所有不同的颜料全部混合在一起，你会得到黑色；但当你结合了所有不同色彩的植物材料在一片空地上的时候，你不会得到黑色，你可能会得到白色或者泛白的颜色作为代替。

我们可以看到一个物体的颜色完全是因为它可以反射光。例如，我们能看到一片绿色的树叶完全是因为它只反射绿色波长的光并且吸收其他波长的光。光波是由物理上的反射和折射原理所控制的。

白色是结合了所有不同波长的光波，而黑色则是完全不存在任何光波。你也许以前了解过这个实验：一道白色的光线穿过一块玻璃三棱镜时，光线会被分离成不同波长的光波，这些光波会形成不同颜色的光谱：红、橙、黄、绿、蓝、紫，这六种颜色是基色。如果这些光谱的光线穿过另外一块反向的玻璃三棱镜，它们会再一次地变成白色，但是由于周围环境折射的影响，它可能不会变成纯白色（图 1.10）。色彩有三种属性：色相（色彩的名字）、明度（色彩的亮度）、纯度（色彩的强度）。长波长光波的颜色，例如红色、橙色、黄色，可以让我们联想到太阳、火、热等，这些被称为暖色；短波长光波的颜色，例如绿色、蓝色、紫色，可以让我们联想到冰、水、海洋和阴影等，这些被称为冷色。暖色在一定距离上就可以被区分，向我们呈现过来，这也被称为前进色；冷色可以在较近的范围内区分出来，还会向我们呈现出向后退的感觉，这也被称为后退色。

　　红、黄和蓝是三原色。混合其他的颜色都无法产生这三种颜色，但是适当地调和它们就可以得到其他的颜色。混合这三种原色能产生间色（橙色、绿色和紫色），混合间色可以产生第三色（柠檬黄色、石灰色和赤褐色），混合第三色可以得到第四色（浅绿色、深紫色和浅黄色）……

　　最终，我们可以通过适当地混合得到任何颜色（图 1.11 上图）。我们混合得越多，颜色就会变得越中性。我们可以把光谱的颜色排列在一个色盘里。这可以是简单的六种基本颜色的色盘（图 1.11 下图），也可以是有着细微差别的上百种颜色的色盘。我们会用最简单的色盘来进行讨论：

　　在色盘上一对相对的颜色称为互补色，就像蓝色和橙色，红色和绿色，黄色和紫色。如果我们把互补色的光线混合起来，我们会得到白光，但是如果我们把互补色的颜料混合起来，我们会得到黑色。只是因为混合不同颜色的光线是把光波叠加在一起，而混合不同颜色的颜料是把光波相减。例如，一个红色的物体只反射红色和橙色的光波，一个黄色的物体只反射黄色和橙色的光波，当我们把红色和黄色颜料混合在一起，混合后的颜料只会反射相同的光波：橙色，而且看起来是橙色的颜料。当我们混合互补色的颜料时，它们没有相同的光波，所以这些颜料不会反射任何光波，它看起来会是黑色。同样，当我们混合不同颜色的颜料时，它们没有相同的光波，所以这些颜料不会反射出任何光波，看起来就是黑色。当我们在画一个色彩平面时，我们是用颜料；但当我们运用场地的植物材料时，我们是用不同颜色的植物反射的光。我们需要特别注意这两者的不同。

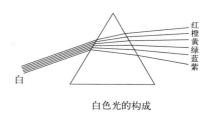

白色光的构成

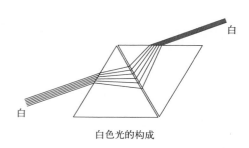

白色光的构成

图 1.10　光与色彩

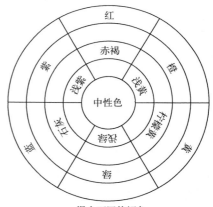

混合不同的颜色

一个简单的色盘

图 1.11　色盘

在种植绿化设计中，色彩会被以下因素所影响：叶或花的光滑度和尺寸，周围环境的反射，植物上的光影强度。正常来说光滑的叶子看起来会比不光滑的要更亮一些。小叶子通常来说要比大叶子呈现出更强烈的颜色，即使实际上它们的色调是相同的。当互补色的花或叶配置在一起的时候，会显得更加强烈和明亮。植物在阴影里时会显得更暗，这和在颜料中添加黑色或灰色的原理是一样的。一个强烈光源会产生更强烈的反射，使得植物的颜色更加强烈和明亮。在园林里，植物的色彩经常受到周围环境光的反射和折射，以及由于云雾、阳光引起的不断变化的光线密度所造成的影响。周围环境光的反射和折射实际上是把植物的各种颜色变得更纯粹，且易于形成一个和谐的组合。

这里有几种方法可以在景观色彩中达到和谐：用一种主导色相并有一些色调上的变化，用两种互补的颜色，或通过级配使用一个全光谱。许多园林运用不同色调的绿色作主导色。在秋天，成群成片种植的一种落叶树的叶子，例如枫香（*Liquidamlar formosana*，Chinese Sweet Gum），也可以形成一种主导色。学习不同植物的色彩搭配的一种方法就是简要描述出在同一地区不同季节的植物色彩，运用这种方法仔细研究，就有可能找到四季都和谐的色彩搭配。

当我们考虑到种植设计的色彩时，我们不仅仅只是需要考虑不同植物间的相互影响，同时还需要考虑植物和周围环境之间的影响，尤其是它们的生长背景。例如，当我们考虑到一棵在红砖墙前的植物时，我们可能需要决定是要用相似还是相对的颜色，包括植物的叶、花、果实和树皮的颜色。

当地盛行的气候情况同样可能会影响种植设计师的色彩选择。例如，英格兰常有雾蒙蒙的阴天，相比常年天空碧蓝的北美，英格兰会选用一些较为暖色调的花卉。气候温和的地区没有强烈的阳光会使植物的色调比在酷热的南方太阳下显得更加不和谐。在气候温和的地区运用颜色相似或相近的植物，这有可能是一个很好的设计实践。对于南方气候的地区，明亮颜色的花会受到光影的影响。它们的颜色似乎是在强光下发白退成中性色，无论是在全日照还是阴影中，浅色花甚至看起来更薄弱。阴影可以投射出一种灰色调，能柔化尖锐的色调和对立的颜色。一些暖色，像粉色、黄色和桃红色会在阴暗处中和，看起来没那么突兀，大多数薰衣草色和紫罗兰色都会淡化在阴影中。橙色可以在暗部保持它们固有的色调，而白色和蓝色可以在其中增强强度和亮度。

植物的色彩可以用来制造距离和空间的错觉。对于一个小花园来说，暖色和前进色的花可以种在前景处，这样它们看起来要比实际更亲近。冷色和后退色的花可以种在后面，这样它们看起来要比实际远得多。这种方法可以使花园看起来比实际尺寸要大。

不同的颜色，包括植物的颜色都可以刺激不同人的不同情绪感受。暖色可以激发激昂的、温暖的、振奋的、热情的和兴奋的情绪；冷色则会煽动胆怯的、冷酷的、安逸的、平静的、冷淡的、舒缓的以及抑郁的情绪。

颜色同样也有象征意义：黄色是黄金和太阳的颜色，象征着智慧和力量。许多东方文化中，金黄色是象征最高和最尊贵王室的颜色，在过去只允许在一些东欧的王族中才可以使用。红色是火和血的颜色，它象征着勇气和幸福，并在婚礼和生日庆典中使用。橙色是火焰和秋季的颜色，象征着光明和知识。紫色象征着严肃、庄重和女性的意义，它是基督艺术中抹大拉（Magdalene）的颜色。绿色是大多数生长植物的颜色，象征着富足和充裕。蓝色是天空的颜色，象征着坚贞不朽、亘古不变的品质，以及正义。在东方文化中，黑色和白色是用来悼念的颜色，而在西方文化中白色象征着真理和纯洁，它也用在婚礼和洗礼中。

种植设计的材质可以被定义为是植物的光影和表面质感所形成的图案样式，它是由尺寸、表面质感以及叶、花和枝干之间的间距所决定的。它可以是粗劣或精致的，也可以是粗糙或光滑的。在近距离下，大叶的植物看起来粗劣或粗糙，如细叶鸡爪槭（*Acer palmatum*）或常春藤（*Hedera helix*, English Ivy）。叶间距越大，它们会看起来越粗糙。小叶的植物质地会显得更加细致，像新修剪过的草坪，或是迷迭香（*Rosmarinus officinalis*, Rosemary）。叶间距越小，质感会显得越细腻。不同植物的不同材质形成对比，可以营造出一个愉悦的场景，就像它们的纹理在一个自然卷曲的花圃中似乎是更精细，由不同的纹理、不同的植物形成的对比，可以创建一个赏心悦目的场景，就像在一个自然式、曲线的园林里修剪漂亮的草坪一旁临着常春藤。

植物的质感也受到季节性因素的影响。例如，落叶树会有小而嫩的新叶，这样可能会呈现出比在夏天完全生长的叶子更加细腻的质感。

材质的一致性可以创造质感的和谐。通过认真研究和整理不同植物形成的不同材质（图1.12、图1.13），我们也许可以试图去达到一种赏心悦目的设计效果。努力实现不同植物间的一致性，并在一致性的基础上寻求变化。太多的一致性会形成刻板的效果，然而太多的变化可能会造成不和谐，关键是要达到并保持两者之间的微妙平衡。

图 1.12 草坪、低矮的装饰性植物、灌木和一些松树可以柔和铁栅栏的视觉感受

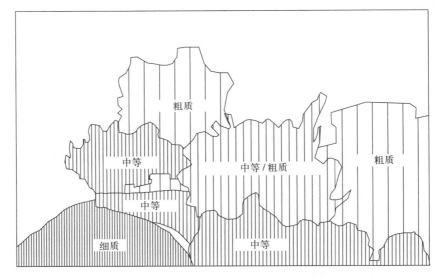

图 1.13　种植设计的材质分析——关于图 1.12 的材质分析

尺度关系同样与材质有所关联：质感粗糙的植物运用在小的园林空间会使空间显得更小。低矮的树篱可能需要细腻的质感，而较高的树篱可能需要中等甚至粗糙的质感。

除了颜色和材质之外，体量是种植设计的另一个重要因素。植物的剪影是由枝和叶形成的轮廓，而体量可以被视为一个植物的三维感官，它是一棵或一群树的枝叶形成的"体积"。从远处观看，良好的视野应该需要的前景是相对简单的体量关系。当远距离的视野不是很吸引人时，前景的体量关系就需要更加精妙和有趣。大量的植物得到合理的配置可以达到和谐的效果。最简单的方法就是重复相似体量和形态的树去营造一个简单又愉悦的场景。当体量上大不相同的植物搭配在一起时，例如一颗伞形的树和一棵柱形的树，也许不可能营造一个和谐的场景氛围。

个体体量之间的尺度，或者个体与整体体量之间的尺度都需要仔细推敲。在大项目中，缺失比例也许没有在小项目中那么严重。在大项目中，大树应与小树相结合，形成独立的画面感。可以把较大的地块分成不同主题的小地块。大树和小树可以相互搭配，融合形成一个独立的体量。对于一个小花园或小公园来说，缺失尺度会非常明显，而且很容易被发现。例如，一棵成熟的栎树于一个 30 英尺见方的庭院就显得太大了。

植物所形成的不同的体量可以形成一种平衡：要么是不对称的，要么是对称的。一个可以达到平衡的简单方法，就是在一组中使用一个突出的体量，来作为全组的焦点或高潮，并用某种顺序或平衡方式排列其他植物，这样可以将注意力引向或远离这个突出的体量。

植物和建筑的体量是园林中"实体"的部分，而开放空间（草坪、低矮花坛等）是园林中"虚体"的部分。种植设计可以从关于"实体"和"虚体"的整体构成、体量和开放空间以及使用模式的类型的抽象研究开始：规则式或自然式，抑或是两者的结合和相互转换。一个园林可以是由一个大的开放空间和一个大的体量构成的。若干棵树（通常是 3 棵以上 9 棵以下）仔细地种在开阔宽敞的空间中可以减轻单调感。同样地，一个体量也应该需要一些开放空间或在边界上几个简单的开口，来打破其均匀性，创造强烈的对比。平面、立面、剖面、透视以及整体模式中关于"实体"和"虚体"部分的色彩、材质和体量的详细研究，在种植设计中会非常有用。

植物的颜色、纹理、线条、形态和体量应该需要同时考虑。植物特性中至少一个是相似或相同的，以维持统一；至少一个是不同的，以制造对立和趣味。一个仔细推敲过的平面虽然只有少数几个种类，但要胜过多种不同的植物混杂在一起。相同或相似的形式和线条的重复可以创造简洁美。它可以创建一个模式，重复地使用，然后整合成一个统一的设计。

变化或对比的关系引入一个统一的种植设计的场景，其原因有两个：创造趣味，制造重点。避免单调，对比或变化应该是循序渐进的，而创造一个重点，改变需要是突然发生的。种植设计中的重点就像是一个段落中的感叹号，引起人们的注意。它可能不应该频繁地使用，否则它可能变得没那么有效，甚至会造成混乱。这就好比写了一篇文章：适当地使用感叹句可以使文章更有力道，但太多感叹和强调会使文章变得混乱不堪，从而失去重点。

由于一些植物的线条、形态、体量和习性，它们会被拟人化。例如，橡树被称为"森林之王"，桦木被称为"树林贵妇"。由于它们的形态和习性，这些称谓被赋予了个性与特色。[1]

在种植设计中，植物并非一视同仁。它们在整体设计中担当不同的角色，并形成一个层次结构。它们的差异表明它们在设计中的相对重要性，可视化和有层次的秩序可以帮助你表达你的设计意图。有很多种方法可以展示一种植物或一组植物对整体布局具有重要的意义：特定的尺寸，独特的形态，或是战略性地位。在种植设计中，有时我们可以有不止一个重要元素或视角，其他次要元素、视角或场景相对主导者是次要的，但也是很重要的。当然，我们也需要严谨，尽量不要创造太多的"重点"，因为"当每一点都被强调，就没有什么被强调"。[2]

基准是一个术语，通常用于土地测量或土木工程中，它是勘测其他元素的基础点或参考点。我们借用这个术语，并把它运用在种植设计中。种植设计中的基准需要参照与其他元素相关的参考线、参考面和参考体块。它可以是把不同的植物联系在一起的园路或步行道，也可以是草地或水面上的植物或其他相关的景观要素，或者是连廊庭院中的列柱。轴线是基准的一个特例，它是一条直线，其他元素都依照它对称布置。基准也可以是一条曲线，或是一个平面，它需要有连续感或规律感，把各种设计元素都结合在一起。

1 Robinson, Florence Bell. *Planting Design*. Illinois: The Garrard Press, 1940. pp.1-101.

2 Ching, Frank D.K. *Architecture: Form, Space, and Order*. John Wiley and Sons, 2nd edition, February 1996. p. 338.

4. 植物与人类

a. "穿越"或"遮挡视线"

植物是非常特别的设计材料：有些枝叶茂密，有些枝叶稀薄；有些是常绿，有些是落叶。不同的植物的特质创造了非常好的可能性。你可以用树枝来营造一个"框架"，让人们"透过"这个特殊的"框架"看到远处的风景。你可以用落叶树的树枝来营造一种特殊的效果，"透过"树看天空。你也可以用树篱或密植把不想看到的元素遮挡在视线之外，例如电气设备、变压器和卡车装卸区（图1.14）。平均视平线是在地上5～6英尺之间。做种植设计时，你应该记住这一项和其他的人体基本尺度。

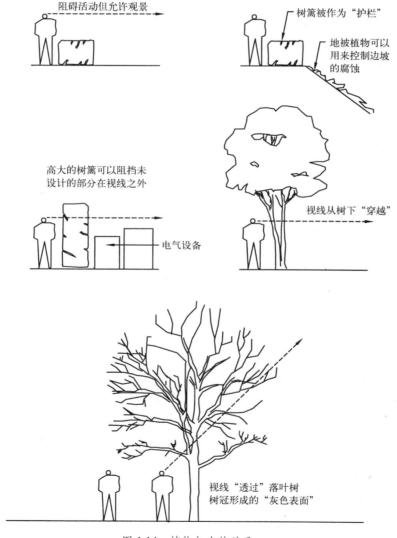

图 1.14　植物与人的关系

b. 引导或阻碍活动

　　设计师可以利用植物来引导或限定人们的活动，例如，树篱可以限制穿越树篱的活动，同时鼓励沿着树篱的活动。低矮的树篱在阻碍活动的同时还允许越过树篱观景。低矮的树篱还可以作为"护栏"，保护人们远离危险的斜坡（图 1.14）。

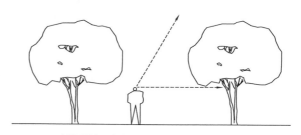

树间距大于树冠，将会营造一种开放的感受

c. 控制树与树之间的距离，创造不同的空间感受

　　控制树与树之间的距离，创造不同的空间感受：种植的树间距大于树冠将会营造一种开放的感受，而种植的树间距等同于树冠将会营造一种"被覆盖"和宁静的感受（图 1.15）。

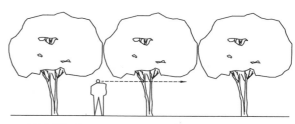

树间距等于树冠，将会营造一种"被覆盖"和宁静的感受

图 1.15　控制树与树之间的距离，创造不同的空间感受

5. 植物与空间

a. 主导与焦点

　　一棵大树或几棵有特殊特征的相似的树可以作为一个空间的主导或焦点。景观设计师将这种手法称为"孤植"。例如，几棵高大的落叶树"随意"种在博物馆的入口旁。这些树可以吸引参观者的注意力并把交通导向入口。在冬天，落叶树的枝干可以形成一尊巨大的"雕塑"。在几栋建筑围合形成的庭院中，一棵姿态奇异却美丽的树会被放置在庭院中间，形成"孤植"或空间的焦点。一棵巨大的常绿树常常可以主导一片草地。形态独特的植物也会被用来标明建筑入口的位置。

　　在一个城市公园中，一棵巨大的榕树会被种在游乐场附近；它可以主导整个空间并为孩子们提供荫凉和休息场所。如果长凳或其他城市家具放置在树冠下或许会有更不错的效果。创造坐憩空间的一种简单方法就是把花槽抬升到约 16 英寸高、16 英寸宽，并将顶部平整光滑，这样，花槽本身就可以成为长凳。

b. "灰色表面"与"灰色空间"

　　灰色是介于黑色与白色之间的颜色。同样地，"灰色表面"是介于完全分离与结合之

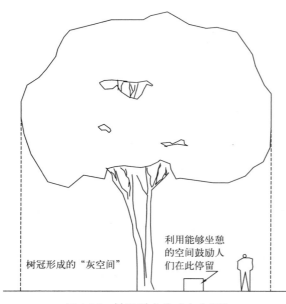

间的表面。"灰空间"是介于建筑物室内空间与户外空间之间的空间。它也可以是过渡空间。植物可利用自己的多种特质创造出非常独特的表面及空间效果。通过选择不同枝叶密度的树，我们就可以控制植物形成的"灰色表面"的密度，这样也可以创造不同的即使分开却还关联的"灰空间"。"灰空间"可以使一个园林更加有趣。最常见的"灰空间"是由树冠形成的空间。这种空间既非一个完全的室外空间，也不是一个完全的室内空间。这是介于室内与室外之间的空间：树冠为树下的人们庇荫避雨，但它也可以让阳光透过枝叶、让风流通。

树冠形成的"灰空间"

利用能够坐憩的空间鼓励人们在此停留

图 1.16   树冠形成的"灰空间"

一个好的设计师应该鼓励人们在里面停留并全方位地运用这种"灰空间"。调查显示，人们常常愿意在可以坐下来休息的空间停留得更久一点，这样你就会想在"灰空间"中提供一些坐憩空间来鼓励人们停留并发生更多的行为活动（图 1.16）。

c. 底面

草坪、地被、低矮植物、水体、浮萍植物以及铺地通常会形成一个园林空间的底面。公共场所的草坪应该能够承受大流量的交通。地被植物可以高效地防尘和防腐蚀。低矮的装饰植物可以摆在建筑入口处和沿着步行道，来营造景观节点。园林底面空间设计的一个基本的经验规则是确保植物完全灌溉以及植物适宜于在各种土壤生长。你应该需要避免土质疏松，把尘土和腐蚀降到最小。正如在很多东部国家和沙漠中那样，裸露的土壤会被石块或者风化的花岗岩所覆盖。

在美国内华达州拉斯韦加斯，大面积的草坪形成了一个城市广场的底层区域，它不仅处在两条主干道的十字路口，还被纽约赌场酒店、美高梅赌场酒店、好世界赌场酒店和石中剑赌场酒店环绕。设计这片草坪是为了让它承担大量游客带来的拥挤交通，并让它成为游客在广场周围给著名赌场拍照的理想场所。在广场中种植的大部分树木都会是非常低矮的棕榈树，以防树木遮挡这些极具设计感的赌场建筑。

d. 界面

乔木、树篱、灌木、低矮装饰性植物、栅栏以及攀缘植物通常会形成一个园林的界面。

所有这些种植设计元素可以被结合起来，创造多层次的植被以形成一种有趣的界面，达到界定空间的效果。例如，草坪、低矮装饰性植物、灌木和一些松树可以沿着步行道种植，以达到柔化停车场铁栅栏的视觉感受的作用。

一个利用植被形成界面并界定空间的好例子是为一个湖而做的种植设计，这个湖处在亚热带气候区，位于居民区之中。

湖的整体种植设计是自然式的。在湖的西面，设计者将落叶树自然零星地沿着湖边种植，形成一道灰色界面。冬天，落叶树的枝干形成的美丽的线条是令人窒息的（图 1.17）。在湖的北边，一条中间的街道在湖边终止，被分成了两条。这个设计师有意只用了少量的树种在湖北岸，这样就能给到湖边旅行的人一个极好的湖景视线。在湖的东边，两层高的住宅和疏植的树木形成了湖的界面。而在南边密植着高挺的常绿树来围合、界定空间，不过依然可以穿过树冠之下看湖景。

图 1.17　植被形成的端面——湖的西面与北面

位于加利福尼亚南部的一个城市公园，湖周围的空间完全被树形成的界面所界定：湖的北面，几棵挺拔的桉树将湖与小孩子的游戏空间分隔开，并为休息空间提供荫凉；湖的东面，种植更低矮的树，与青年活动中心建筑的尺度和体量相匹配，并可以局部遮挡建筑；在湖的南边种植更小的树木，可以为野餐区域提供树荫，而远处种植高挺的桉树则形成了第二层次的植被；在湖的西边，高大桉树与低矮树木配植在一起将湖与足球场分隔开来。只有乔木和草坪被运用到了设计中，这里并没有用到灌木。这很可能是因为它是一个隶属于城市且公共的公园。在很多城市或郊野公园中，城市警察局并不允许使用灌木，因为它们会挡住警察人员的视线从而制造出一些危险的隐蔽空间。设计师应该总能在一个项目初期发现这些城市规范要求，这样可以避免浪费时间做一些不符合公共机构标准的设计。

有时，园林的底面和界面都可以由植被形成。例如，密植的竹子、棕榈树以及其他各种植物环绕种植在一大片草坪上。这个草坪形成了供人们行走和休息的底面。那些密植的树木则形成了边界，并将草坪与园林的其他部分分隔开。

在英式园林中可以找到很多相似的例子：大片的草坪被密植的树所环绕。

沿着一条街，英国常春藤可以被用作覆盖或隐藏一道混凝土砌块墙。一道混凝土砌块墙常常用来阻挡噪声和行人看向住宅后院的视线。但是这道墙被暴露在外面会很不美观。英国常春藤可以完全覆盖这道墙，并将它变成一道绿墙。

一种特别的边界处理是使用墙树：可以是一棵果树或是一株靠着墙面种植的装饰性植物，这样它的枝干才能生长在一个平面上。

e. 顶面

格栅、攀缘植物、树冠常常可以形成一个园林空间的顶面。这些顶面为人们提供荫凉并在下面形成灰空间。在热带以及亚热带气候地区，格栅与攀爬植物常被用来全部或局部地覆盖在庭院之上，在夏天为人们提供一个休息与躲避的场所。

在很多草坪区，常绿树树冠形成的顶面可以为游客创造完美的灰空间或者休息场所。在一些园林里，装饰性的葡萄藤爬上格栅的侧边和顶部，形成一种独特的顶面与端面效果。

f. 空间的层次与深度

植物常被用来营造空间的层次与深度。植物可以形成三个层次的空间：

a) 近距离层次：这相当于距观看者大约 50 英尺的距离。在这个层次的植物，比如说高挂的树枝和树冠上的叶子，可以用来形成画面的轮廓。观看者在这个层面上可以注意到许多植物的细节，例如气味、开花、材质等。

b) 中距离层次：这个层次的植物处在约 50 ~ 300 英尺之外的位置。这个层次的植物会被用作柔化建筑立面，改善周边环境等。

c) 远距离层次：这个层次的植物处在约 300 英尺及以上的位置。这个层面的植物通常会形成空间的背景。它们要足够高大，并在远处能够看得见。

在每一个层面里，你都可以利用植物去创造中间层面。植物的这些不同层面和中间层面都可以加强空间的深度。

g. 空间的组织形式

植物形成的空间之间有若干种基本关系(图1.18)：空间包含空间、空间交错、空间相邻，和由公共空间连接空间。

　　当认识到空间包含空间的概念时，空间尺度之间的明显差别也显得很重要。

　　两个交错的空间可以保持各自的空间特性，而交错的那部分空间会担当不同的角色。它可以是各个空间的平等共享，或者是和其中某个空间合并，也可以是发展成为一个独立的个体。

　　两个相邻的空间可以有不同程度上的视觉及空间联系，这取决于分隔空间的层面。这两个空间可以是完全分离的，或是通过开口连接，或是被一个自由的可停留面局部分隔，又或者被植物形成的疏松网状层面分隔。没有完全分开的相邻空间可以形成某种"流动空间"。

　　被公共空间联系的两个空间可以有不同的空间关系，这取决于公共空间的特性。公共空间可以在形式上不同于这两个空间，可以是一条"长廊"连接远离的两个空间，可以是一个小小的过渡空间，也可以是一个大型的主导空间，将周边的空间整合到一起，或者也可以是一个唯一被连接空间主导的剩余空间。公共空间可以同这两个空间的尺度和形式相同，并形成一系列的线性序列的空间。

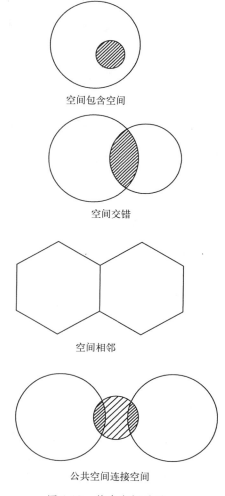

空间包含空间

空间交错

空间相邻

公共空间连接空间

图 1.18　基本空间关系

　　组织空间的方式有若干种（图 1.19）：集中式、线性式、放射式、聚合式和线阵式。

　　集中式通常是由许多小型的、次级的空间围绕着一个大型的、主导的空间。与此同时，一棵大树可放置于主导空间的中心形成焦点，这我们在前面已有所讨论。这个中心空间在形式上可以是规整的。次级空间可以是相同的形式和尺度，以创造一种规律的、对称的组织形式。它们同样可以是不同形式的，以适应场地条件或功能需求。

　　线性式是一系列空间沿着一条线组织排列，可以是一条直线或者是一条曲线。它可以分割成不同段。线性式排列的空间可以彼此直接连接，或是被一个长线型空间或长廊所连接。序列中的每个空间都有一个表面对外开放。线性式中可以通过一个鲜明的形式或一个战略性的位置来表明空间的重要性。线性式空间序列可以收束于一个主导空间，或一个精巧的入口，或一个不同的空间组织模式，抑或是与场地地形融合在一起。

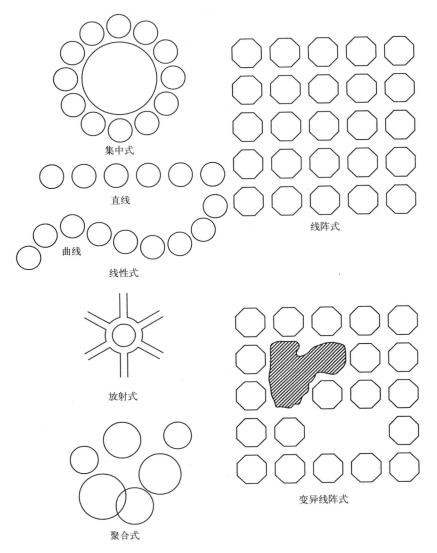

图 1.19　组织空间的方式

　　放射式是集中式与线性式的结合。它是一个集中式空间，周围有许多线性空间向外放射。集中式鼓励内部活动，重视中心空间。放射式则同时鼓励内部和外部活动，它不仅重视中心空间，同时也关注周围环境。

　　聚合式取决于空间的间距。空间的尺度和形式可相同可不同。与其他相比较，这是一种相对灵活的空间组织形式。主导性的空间尺度、特殊的位置、形式或定位都可以表明空间的重要性。

　　线阵式可以看做向两个不同方向发展的线性式。它通常由形式和尺度相同的模数空间组成。这些模数空间可以增加、减少，以创造多样性。模数空间之间的距离可以在一个或者两个方向上变化，以适应环境或项目要求。线阵式可以被打乱以符合自然特征或者创造特殊的亮点。[1]

h. 空间的对比

对比是艺术中的常用手法之一。在绘画时，为了表现一个物体是白色，通常我们强调环境的暗部或者只是在旁边摆放一个黑色或深色的物体。在文学方面，例如小说，为了创造一个愉悦情绪的高潮，作者习惯性地会在欢乐的事件之前铺垫一些悲情、沮丧的情节，在悲伤与欢乐的情绪之间形成鲜明的对比。同样地，我们在种植设计中可以运用相同的手法。为了突显一个大空间的壮观，我们需要引导花园中的人们先穿过一个由密集的乔木、灌木丛和树篱围合的静谧又封闭的空间，然后再进入一个宽敞、开阔、明亮的空间。如果没有小空间的对比，无论大空间实际上有多大，人们都感觉不到它的宏大。这个手法同样可以通过多种方式重复使用，创造空间序列中的高潮：封闭的小型空间➝宽敞开放的大型空间➝相对封闭的小型空间➝相对宽敞开放的大型空间，等等。植物的选用及种植需要依照每一部分的空间设计理念。

除了在尺度上的对比之外，由植物围合的空间还可以在形状、定位和开放等级上形成对比。像园林中的任意其他元素一样，由植物围合的空间也遵从简洁、均衡、尺度、对称、渐进、对比和统一的原则。有时，相似形状和尺度的空间可以不断重复形成节奏感。重复的空间可以形成统一性，而对立的空间可以产生多样性。关键是要适度保持统一性与对立性、重复性与多样性之间的平衡。

我们可以通过一些暗示来提示其他空间的存在，并引起园林中游人的注意。这些暗示和提示并不是标志牌。它们可以是一些其他不太明显的元素：通往其他空间的园路，其他空间入口处色彩鲜明的植物，或者是疏植的树木，可以透过树丛现在的位置局部看到其他空间。

i. 序列和高潮

当许多空间组织在一起时，它们会形成空间序列。序列的高潮对空间序列而言是十分重要的。它可以展示园林的主题。为了达到空间序列的高潮，我们需要一些舒适的小空间来制造封闭感，然后以大空间去形成一种开敞的感觉。大空间和小空间之间的对比需要多次重复，最终我们进入主空间，或是一个非常狭小的空间而达到高潮。空间越小能突显主导空间越大，同时形成一种宏伟感。前面空间的重复可以看作为高潮部分作铺垫。我们可能会对空间序列的开端和结尾格外关注。我们同样需要确认空间序列在两条

1　Ching, Frank D.K. and Ching Francis D. *Architecture: Form, Space, and Order*. John Wiley and Sons, 2nd edition, February 1996. pp.177-227.

路径上都起作用：去途和回途。我们同样可以在空间之间加入一些更小的过渡性空间，以确保空间序列的连续性。

j. 过渡

对于规则式的园林和种植设计而言，临近建筑的空间通常是规整的，较远离建筑的空间规整，最远处的空间甚至是不规整的。例如，在法式规则式园林中，修剪过的低矮树篱和花圃形成临近别墅的空间。较高的树篱和形态自由的植物形成远离别墅的空间。沿直线种植的大树形成更远处的空间。这些树不经修剪，形态更加自由随意，它们勾勒出渐渐消失在远方地平线的小径那沿途的美景。空间的过渡手法运用非常娴熟：从非常规整到较规整，再到不规整，最后消失至地平线。

6. 另一个维度——时间

除了空间的三个常规维度（宽度、高度和深度）之外，时间是空间设计中的另一个维度。这在种植设计中同样适用。通过研究和控制人们在园林中的活动，来显露或遮挡沿路多样的风景，种植设计中的时间效应得以实现。它同样可以通过植物的季节性变化、植物的生命周期甚至一天中植物所创造的不同光影效果来实现。

a. 穿越园林

把自己当作园林里的游客，考虑游客可能行走的路线以及沿路可能看到的风景。沿着园路仔细地选取和种植植物，我们可以创造具有吸引力的景色，并遮挡不愿让人看到的景象。

实现良好的空间序列的一种方法是：从一个简洁的大空间到一个小的，甚至更小、微小或者局限的空间，回到越来越大的空间，然后再回到越来越小的空间。关键就是当从一个小空间进入大空间时，我们会感觉到小空间比它实际上更小，大空间比它实际上更大。这是由于空间之间的对比。从大空间进入小空间，会得到相反的对比效果。

b. 四季

与其他材料相比，植物有一个显著的优点：植物随季节而变化，不同的植物在不同的季节开花。通过一个设计师的挑选和整合，一个园林可以四季鲜花盛放，应接不暇。在本书附录里，我们有中国园林常用观赏类植物列表。这些观赏类植物根据季节列出，它们同样被用于美国及其他国家。例如，列表中的一种植物，台湾野梨（*Pyrus kawakamii*，Evergreen Pear），在美国被广泛应用。比如，沿着美国的城市步行道，随意地种植些台湾野梨。在春天的好几天里，满树的台湾野梨都鲜花盛放，真是令人惊讶（图1.20）。

落叶树会在春天长出新叶，叶子在夏季变成熟，在秋季凋落，最后在冬日所剩无几。令人感动的是，可以看到一棵园林的落叶树在四季呈现出不同的美学效果。例如，在亚利桑那州的大峡谷国家公园（大峡谷）里，一棵被白雪盖满枝条的落叶树成为一尊"生动的雕塑"，而这道风景在可关注的范围内为游客们创造了更多的乐趣。另外，松树上的积雪可以成为树枝上盛开的"花朵"——冰挂。

c. 一天中不同的时间段

在一天中不同的时间段里，植物承受不同的大自然的力量：霜、露、阳光、风、雾和雨。你们应该仔细研究这个场地，试图去了解所有的大自然的力量以

图 1.20 四季——满树的台湾野梨花在春天鲜花盛放

及它们对场地的影响，并把这些元素纳入种植设计的过程之中。例如，太阳可以产生光和影；而这些光影效果可以让花园里产生特别的景观；喜阴植物可以种在阴影区里，阴影区也可以避免植物受到太阳直射。

d. 植物的生命轮回

一棵植物有着自己的生命轮回。它从发芽开始，慢慢从小长到大，从幼嫩长到成熟，最终会在多年后死去。因为园林中的大部分植物都来自苗圃，而它们还没有完全长大。所以，当这些植物完全长大时，你的种植设计理念才得以完全实现。这可能要花上十年或者更久的时间。你可以选择合适大小和品种的植物配置组合，同时实现短期和长期的设计效果。在一些特殊的场合或是一些特别的项目中，比如一个大型赌场或购物中心的宏伟的入口，形成某些"即时景观"效果是十分必要的。我们可以选用恰当的植物，比如一定数量的棕榈树去实现这样的效果。

我们在设计时应该提供足够的预留空间，以满足植物完全生长后的大小。

7. 植被和建筑物

夏天时，植物可以为建筑提供阴影区，从而降低建筑物墙壁和屋顶的温度，这样利于节约能源和空调消耗。

a. 在建筑物的东面

在建筑的东边，可以种植一些高大且枝叶繁茂的树，可以遮挡高角度的阳光，同时不会遮挡日出的景观。在清晨的时候，当太阳以一个低角度升起时，阳光还是比较柔和的，所以没有必要去遮挡它。在之后的几个小时里，太阳在高角度处光线十分强烈，同时会产生大量的热量。枝叶繁茂的大树可以遮挡较高角度的强烈光线（图1.21、图1.22）。

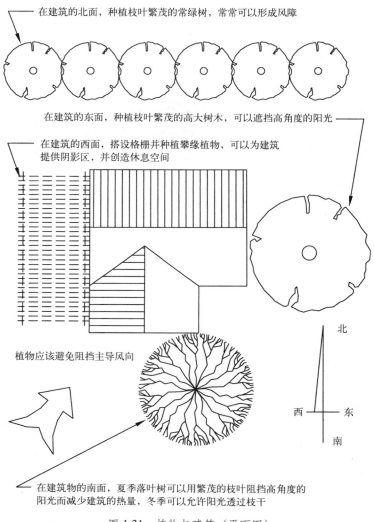

图 1.21　植物与建筑（平面图）

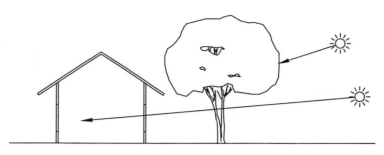

在建筑物的东面，种植枝叶繁茂的高大树木，可以阻挡高角度的阳光

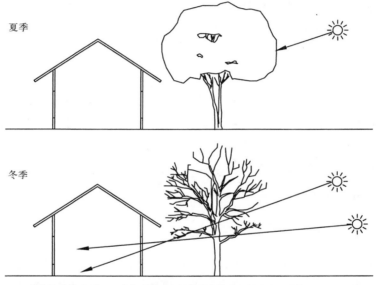

夏季

冬季

在建筑物的南面，夏季落叶树可以用繁茂的枝叶阻挡高角度的阳光而减少建筑的热量，冬季可以允许阳光透过枝干

图 1.22　植物与建筑（剖面图）

b. 在建筑物的南面

　　在北半球，我们可能会在建筑的南侧种植比较挺拔且树冠高的落叶树。这是因为在夏天阳光会处于较高的角度，而在冬日会比较低。在夏天落叶树可以用完整的枝叶去遮挡高角度的阳光从而减少建筑的热量。在冬天，树叶凋零，阳光可以透过枝干和穿过南向窗户，以低角度进入房间，从而提高室内温度。

　　一个好的设计师也应该重视设计项目地区的主导风向。他应该将这个问题融入他的整体种植设计理念之中。例如，在处于北半球的大多数亚洲国家中，夏季主导风向是东南风，而对于美国的西海岸则是西南风。整体种植平面布局不应该阻挡场地中建筑物的夏季主导风向。

c. 在建筑物的西面

西晒是导致建筑温度过高的主要原因之一。在建筑的西面，植物必须能够遮挡下午的阳光。常用的一种手法是搭设附有攀缘植物的格栅，可以为建筑提供阴影，还能在夏日时营造格栅下的休息空间。攀缘植物也可以攀爬垂直格栅或者栅栏，遮挡午后低角度的阳光十分有效。

d. 在建筑物的北面

在冬季，凛冽的北风使热能消耗显著增加。像柏树这样枝叶繁茂的常青树常常紧挨着种在建筑的北面，形成风障。

e. 屋顶花园

世界七大奇观之一的巴比伦空中花园可能是世上最早的屋顶花园之一。对屋顶花园来说，防水是最大的难题。为了避免对屋顶和防水系统的损害，种植在屋顶花园的植物根系必须较浅，大小适中，通常能种植在花盆或花槽中。攀缘植物和格栅同样是空中花园的不二之选。近期的一个实例就是位于拉斯韦加斯的威尼斯赌场酒店屋顶泳池的花园。这是一个有健身中心和婚礼教堂的屋顶花园。

f. 植物和建筑立面

正如我们在前面的章节中所提到的，植物能打破墙面的单调感并创造出一道有趣的天际线，植物也能用来柔化建筑立面，甚至可以遮挡建筑立面并形成一道"绿墙"。

当要配置一栋建筑周围的植物时，你可以先从首层平面入手，找出可种植区，研究建筑立面，并由此确定植物的高度、形态和习性。

你也可以从一个简单的视角出发，先研究建筑剖面和立面，再进一步研究植物和建筑之间的关系。你可能会发现你需要返回到第一步增加种植区，形成一个更好的立面构图。

透视角度和鸟瞰角度同样可以帮助你实现构想或向顾客展现你的想法。你也需要假想自己是用户或房主，这样当你穿过花园走向或离开建筑时，你会邂逅意想不到的风景。某些设计师倾向于从建筑立面入手开始种植设计，这也是另一种种植设计的方法。

我确信一定有其他的方法或程序来做种植设计。只是先后顺序不同，但这并不意味着某种方法一定优于另一种。重要的是你知道你在做什么并且了解建筑和植物之间的关系。

我宁愿更多地关注种植平面图，因为它们实际上就是告诉工人做什么，可以传达最多的信息量。平面图要图面简洁，又能快速表达你的想法。它们可以用在草图设计阶段、设计进展阶段以及施工图阶段。你甚至可以在项目的三个阶段使用同一张种植设计图，只需要适当地修改图纸的细节程度和标注。用这种方法，你不必画三次设计图，可以节约很多时间、精力，效率也会提高。

当你画种植设计图时，关键在于你需要知道植物在建筑立面和平面中是什么样。请注意人们通常是不会从顶视的视角去看一处风景的，除非他们从多层建筑的高处楼层或高处的观景平台上往下看时才会注意到此。这就是为什么某些设计方案平面看上去非常漂亮，但当建成后才发现却如此平平甚至差劲。只考虑种植的顶视视角是景观设计师的通病。为了减轻这个问题，可以借助立面和剖面来思考和理解植物与建筑之间的主要关系。

你可能会更多地关注体量、平面和其他主要设计因素，而不是把时间浪费在细节问题上。漂亮细致的立面图和效果图可以有利于将你的构想推销给顾客，但最重要的是你知道如何去达到一个满意的结果，也就是指园林完工、种植完成，既包括短期也包括长期的景观效果。

一些种植设计方案渲染出漂亮的立面图或透视图，最终却效果平平甚至设计很差劲。失败的原因可能是当你画立面图时，你会把植物画成你希望的样子，而不是它原来的样子；也可能是你过硬的手绘技巧可以把设计平平的方案表达得好过它本身。为了避免如此，你可能会更多地关注植物的习性和形态，并意识到我们永远不能完全控制植物这个事实：它们是有生命的，它们会生长，而设计效果也会随着它们的生长而变化。既然你知道你无论如何都可能无法完全控制植物，你可能需要更多地关注原则问题并试图去控制你的种植设计的框架，不需要花费太多精力在特殊植物的细节上。

当考虑到建筑周边的种植设计时，我们需要特别留意建筑入口、窗户以及其他开口空间。简约、均衡、适度、层次和递进是设计成功的关键。使用过多植物的设计并不一定是好的设计。

好的设计不同于收集各种植物。几种精挑细选的植物的设计要比一个花园中堆砌各种植物出彩得多。太多种植物会引起混乱和无序。简约亦是美。例如，一个小住宅花园可以有一个质感细腻的草坪，沿着墙角是盛开的野花。细致的草坪与粗质的野花成对比，营造出一个充满趣味的、简约却美丽的花园。使用哪种特别的植物并不重要，关键在于，你如何使用它们。如果我们知道我们想要种什么植物，我们可以轻而易举地挑选一种植物或其他某种植物代替它来达到预期效果。相比植物配置中的效果，我们并不十分关心植物是否稀有。我们应该更加关注设计中的简约、均衡、尺度、序列、层次和递进。

分析建筑的平面和体量是处理建筑立面和植被之间关系的一种手段。你可以先从分析屋顶天际线开始：它是需要弱化还是反复强调？是在建筑后种植大树使天际线消隐不见，还是利用高挺的树打破单调的天际线？在一些简约经典的住宅中，可能只需要草坪和乔木，却很少用到灌木。在处理有大片平整简单墙面的建筑时，我们应该充分利用植物的轮廓或树影。有时，葡萄藤或其他爬藤植物会为建筑添色不少。

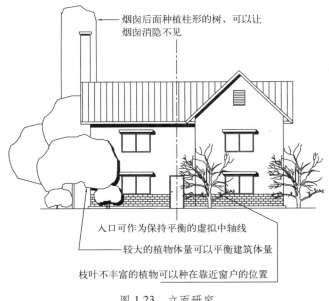

烟囱后面种植柱形的树，可以让烟囱消隐不见

入口可作为保持平衡的虚拟中轴线

较大的植物体量可以平衡建筑体量

枝叶不丰富的植物可以种在靠近窗户的位置

图 1.23 立面研究

在建筑的入口，我们不希望用太多植物，我们倾向于宽敞的入口空间而非狭窄局促。我们可以运用植物来营造平衡感，为建筑画龙点睛。建筑入口通常会是对称或不对称平衡的虚构轴线（图 1.23）。

在大型建筑中，通常使用大型植物来营造人体尺度和建筑巨型尺度之间的过渡空间；对于高的建筑来说，通常会在建筑立面之内用圆形的树，周围环绕着高挺的树，树冠圆形发散的树可以让建筑看起来更宽一些；对于低矮平缓的建筑，通常会用高挺的树来打断视平线，周围树形散开的树可以弱化建筑边界，并削减它的宽度感；对于有烟囱的房子，我们一般会在后面种植枝叶繁茂的高大的树，让烟囱没那么明显；对于有三角形山墙的建筑，我们会用高高低低圆形的树来重复屋顶天际线的韵律。

除了要考虑建筑立面的构成元素，也需要为建筑和植物之间预留足够的距离。例如，在建筑五英寸范围内种植一棵榕树并不值得推荐。榕树强大的根系会破坏建筑的基础和地下管线。沿着建筑外墙种植一道修建整齐的树篱这也不见得很好，这样反而容易滋生蚊虫。

g. 隐藏与显露

植物可以用来隐藏不利的建筑元素而显露精心设计的特色部分。你应该将植物同建筑一起整体考虑，张扬吸引人的建筑特色并隐藏掉那些实用却不太美观的部分。这个原则也可以用来处理实践性和功能性的设计要求。例如，在一个购物中心或大型商业建筑中，突显一个商业租客或房主的招牌是完全必要的。这就是棕榈树在购物中心和娱乐城如此受欢迎的原因之一。对于商业建筑来说，便捷的交通设备或建筑要素，像码头、电子开关、变压器及双止回阀都需要被遮盖起来。枝叶繁茂的常青乔木、灌木或树篱被广泛地应用于此。

建筑门牌号也需要确保地址信息显而易见，以便急救车辆和公司职员可以容易到达目的地。植物不应该遮挡到建筑的地址信息。

8. 景观设计中的种植方案

a. 种植设计的图面表达

对于大多数景观设计事务所来说，种植设计的图面表达只占了全部工作的 10% ~ 20%。种植方案的设计工作有 80% ~ 90% 是在施工图阶段完成。种植设计的图纸可能只是初步设计方案，通常会上色渲染，并且树的投影也会表现出来以形成三维的图面效果（图1.24）。成功的种植设计表现图的关键在于选择漂亮的色彩，尤其是一些漂亮的植物绿色。每个景观设计事务所都会有一套景观种植设计图纸的常用色板。

b. 种植方案

对于种植方案来说，图纸符号和图例常常会简化，用一种高效的方式向甲方传递设计意图。这里有两种种植方案的组织和表达方法。

c. 制图法 I（图 1.25）

种植设计中所有的植物都需要表达出来，同一种植物用直线连起来并注明名称。每种植物的植物学名、通用名、尺寸和数量都应该清晰标注出来。如果一种植物被用在一个项目的不同区域，那它应该在同一设计方案中标注不止一次。通常标注线的末端连接一系列植物，同一组内的植物之间连线是直线，当跨过另一条连线时则使用曲线。由于种植方案的布局是环形的，用曲线连线可以减少各种线型的重叠和交错，使图纸更简洁明了。为了图面清晰我们可以不用

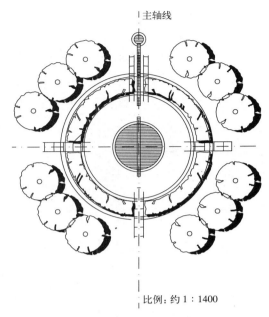

比例：约 1 : 1400

图 1.24　种植设计表现图

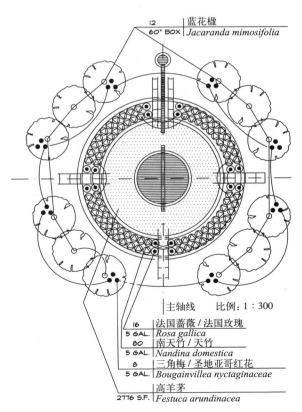

12	蓝花楹
60" BOX	*Jacaranda mimosifolia*

主轴线　　比例：1 : 300

16	法国蔷薇 / 法国玫瑰
5 GAL.	*Rosa gallica*
80	南天竹 / 天竹
5 GAL.	*Nandina domestica*
8	三角梅 / 圣地亚哥红花
5 GAL.	*Bougainvillea nyctaginaceae*
2776 S.F.	高羊茅
	Festuca arundinacea

图 1.25　种植方案的制图法 I

循规蹈矩。

植物列表也需要在表格中表达出来，要计算列表里使用的每种植物的总和。计算机辅助设计与制图（CADD）在景观建筑及其他设计领域普及之前，这种方式广泛用于景观设计事务所。这种方式的优势在于非常简洁明了，植物名刚好对应着图例。这种方式易于手绘表达，图例不需要画得和植物本身一模一样，而且它们之间只是用直线相连。这种方式缺点是如果图纸需要修改，由于每种植物可能会在项目的不同区域标注过好几次，那么图纸就不止一处需要修改。如果在图纸修改中遗漏了一组或几组植物，就会产生矛盾和错误。修订的工作既乏味又耗时。

d. 制图法 II

另一种方法是用图例来表示植物，每一种图例代表一种不同的植物（图1.26）。图纸中会有一个种植图表解释每个图例代表什么（图1.27）。每个图例后紧接着的是植物学名/通用名、尺寸（如果是苗圃中培育的植物，就是指植物种植容器的大小。苗圃以此作为测量和销售植物的依据。这种方式在景观建筑设计中也被广泛应用）、植物的种植间距（设计师需要根据植株的最终成熟大小来合理地确定植株的种植间距）和植物的种植数量。植物可被分为乔木、灌木、地被、草坪、藤蔓和箱植或盆栽植物等。

这种表达方法的优点就在于每一种植物在种植列表中只被标注一次。如果之后需要修正，设计师可以保留植物图例不变，只是修改种植列表中的植物名称。关键在于同一种植物的图例在项目的不同区域是完全一样的。计算机辅助设计与制图的应用让这个方法变得简单易行。随着计算机辅助设计与制图的普及，这种表达方式也越来越受欢迎。这种制图法的最大优势就在于它节省了图纸修正时间，特别是植物需要替换时，只用在种植列表中修改一次植物名称。而任何一位有景观设计事务所工作经历的人都知道各种原因引起的图纸修改都是家常便饭，如房主的复核要求、方案的检查修正以及特殊植物是否可得等。

不论是种植方案的制图法 I 还是制图法 II，树木的一般尺寸包括 15 加仑、24 英寸土球、36 英寸土球、48 英寸土球和 60 英寸土球。灌木尺寸通常是 1 加仑（株

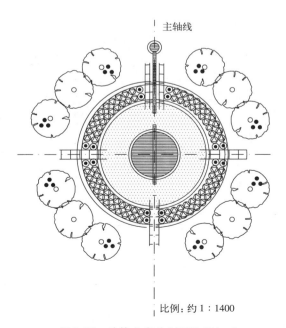

主轴线

比例：约 1 : 1400

图 1.26　种植方案的制图法 II（一）

图例	植物学名/通用名	尺寸	数量	细部
乔木				
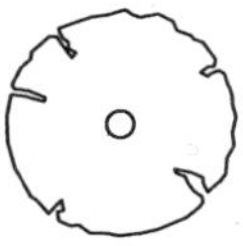	蓝花楹 (*Jacaranda mimosifolia*)	60" BOX	12	-
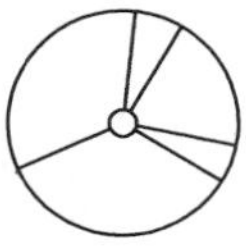	荷花玉兰 (*Magnolia grandiflora*) 洋玉兰	15 GAL.	48	-
	广玉兰 (*Liquidamber styraciflua*) 南方木兰花	36" BOX	18	-
灌木				
	茉莉花 (*Jasminum sambac*)	1 GAL. AT 18" O.C.	76	-
	蓝花楹 (*Nandina domestica*) 天竹	5 GAL. AT 36" O.C.	PER PLAN	-
	法国蔷薇 (*Rosa gallica*) 法国玫瑰	5 GAL. AT 24" O.C.	PER PLAN	-
地被				
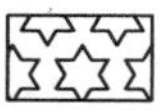	常春藤 (*Hedera helix*) 英国常春藤	FLAT AT 12" O.C.	PER PLAN	-
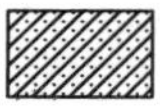	小蔓长春花 (*Vinca minor*)	4" POT AT 8" O.C.	18	-
草坪				
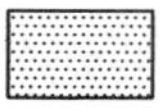	高羊茅 (*Festuca arundinacea*)		2776 S.F.	-
攀缘植物				
	三角梅 (*Bougainvillea nyctaginaceae*) 圣迭戈红		8	-

图 1.27　种植方案的制图法 II（二）

距 24 英寸）、5 加仑（株距 18 英寸）、5 加仑（株距 24 英寸）、5 加仑（株距 30 英寸）或 5 加仑（株距 36 英寸）等。地被植物的尺寸是 4 英寸土球（采用 8 英寸株距）、水平株距 8 英寸、水平株距 12 英寸、水平株距 24 英寸等。草坪通常以 SOD（这是一种在美国常用的草坪标注方式。草坪先是在苗圃中培育，长成后裁剪成 12 英寸 ×60 英寸或 5 平方英尺的扁平块，然后运送到项目场地，短期内就可拼出雏形）来标注，设计师通常只需给出整个项目需要的草坪总面积。藤本植物通常尺寸是 1 加仑、5 加仑和 4 英寸土球。

土壤表面如果没有被地被植物和草坪覆盖,通常是覆盖上两英寸厚的粒径为 1 英寸的碎树皮。

e. 景观施工文件中的其他要素

在此我们只简短地介绍一下景观施工图中的其他要素，以便于经验较少的设计师或

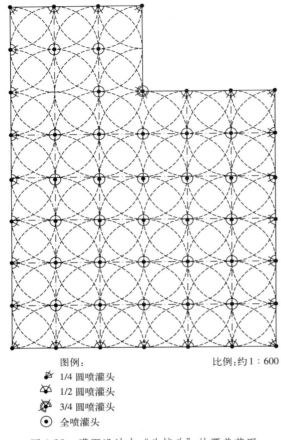

图例:

🖑 1/4 圆喷灌头

🖑 1/2 圆喷灌头

🖑 3/4 圆喷灌头

⊙ 全喷灌头

比例:约 1 ∶ 600

图 1.28 灌溉设计中"头接头"的覆盖范围

者外行也能够理解一些景观设计中的基本要素。

景观施工图是需要由景观设计师准备的法律文件。它通常是甲方与乙方之间签订的约束性合同文件。景观施工文件包括景观施工图纸和景观附件两部分。景观附件部分要包括对施工质量和施工水平的说明。它可以是一份独立的附件说明书,也可以是施工图中特别列出的一份或几份表格。景观施工图包含了各种景观要素的位置、大小、数量和颜色。它们由种植方案(我们在这本书中已详细介绍过)、灌溉方案和一些细部列表构成,如果有要求,可能还会有硬景方案。大部分景观设计事务所通常会请其他专家顾问完成种植设计的灌溉方案。在灌溉方案中,以下几点需要特别注意:

a)"头接头"的覆盖范围:一个喷灌头的喷灌范围应该覆盖相邻喷灌头的喷灌范围,这样才能确保覆盖范围(图 1.28)。

b)"零浪费":保证喷灌头中的水不会洒到需要灌溉之外的区域。

c)每一个喷灌头都需要足够的水压保证喷灌半径。

d)最好预留大尺寸的灌溉管线,以便于之后会在原始景观项目的基础上增加更多的喷灌头以及拓宽管线。

景观细部设计在不同地区的标准做法大不相同,而且大多数事务所都有自己的一套标准细部做法供选择,最终形成细部做法列表。重点在于要协调好景观种植方案和灌溉方案的细节关系,并确保每个细部做法对于方案是合理适宜的,如果有必要,应当依照实际项目条件而定。

f. 种植识别、植物列表和事务所资料库

大多数景观设计师和景观设计事务所都有自己常用的苗圃植物列表和目录,由他们各自的事务所资料库建立的。这套列表和目录通常是基于当地气候情况所得出的。因此,会对项目有非常大的帮助,尤其是快速设计项目。

植物材料是种植设计的基础，受到当地气候、天气和土质的强烈影响。有一些植物可以广泛用于不同地区，而有一些植物只能在特定的地区种植。即使是经验丰富的景观设计师到一个新鲜陌生的地区时也必须学习植物材料和植物识别。

植物材料十分重要，但在这本书中并不是重点：

首先，这本书着重介绍的是种植设计的原则和理念，或者说是种植设计的"语法"和中心思想，这些法则适用于不同的区域。

其次，已经有许多关于不同气候区的植物识别和植物材料的书籍发表和出版。这些对于景观设计的初学者或者是刚踏入一个全新地区的设计师来说是非常有用的。在本书最后的参考书目中，可以找到这个专题的一列书单。

许多院校也会开设关于植物材料和植物识别的课程，学费也较实惠。学生们在课堂上可以给植物拍照，这样有助于他们的学习。经常去植物园和苗圃也是一种非常有效的学习植物材料和植物识别的方法。植物材料的知识和植物识别的技能只能靠个人长期的学习和积累，这需要每个人都必须不断努力。学习植物不仅仅需要课本上的知识，也需要去实际场地参观和实践。

9. 功能性和生态性考虑

种植设计通常要考虑功能因素和生态因素。功能要求大多是来自房主和用户。你可以同房主和用户洽谈，也可以亲自去项目用地考察，获取所有的功能要求。许多政府机构都对景观有特殊规定。比如，有些城市要求沿街的树木满足最小种植间距，以免挡住司机的视线，保证行人的安全；一些城市则要求项目场地的最小绿化覆盖率，或者是绿化面积和停车面积的最小比值。在项目设计之初就需要联系相关政府部门（规划、市政、分区或建设部门等）以弄清相关规定并遵守它们。这样可以避免在之后的种植设计阶段作大的修改。

生态在过去的几十年中一直扮演着非常重要的角色。在种植设计中，生态性意味着要选择适应当地气候和土质的植物，并且不会对当地现有植物生态系统产生消极影响。这并不意味着要完全排斥非本土植物。纵观历史，我们可以发现许多非本土的植物在种植设计中发挥了重要的作用。在美国和其他国家，非本土植物在种植设计中的运用取得了良好的景观效果。我们只需要谨慎选择植物并切记生态重要性。

主要生态因素包括阳光、空气、水、土壤和温度。土壤是为植物提供必要的"食物"（无机盐）。地表土壤往往富含腐殖质（有机物），这很利于植物的生长。许多景观设计师会跟户主在他们的方案中详细说明需要贮存和保留项目场地地表 6 ～ 18 英寸的土壤。项目分阶段完成后，这些富含无机盐和腐殖质的地表土壤会被再次覆盖到场地表面。

通常有两种优化土质的方法：耕犁和施肥。耕犁是一种手动的松动土壤的方法。它提高了土壤的透气性和排水性，保持湿度，也使土壤暖和起来。施肥可以提高土壤的养分含量，并让土壤变得多孔疏松，它可以调节土壤的 pH 值（碱度或酸度）并补充特定的无机盐。但过多的肥料会导致土壤的酸化并带来危害。

土壤表面的覆盖物可以保持水分，减少土壤温度的变化范围。阳光、水、温度和风同样在植物生长中扮演着重要的角色。不同种类的植物对它们的需求也有所不同。[1]

1　Robinson，Florence Bell. *Planting Design*. Illinois: The Garrard Press, 1940. pp. 105-122.

第二章 几何式园林中的种植设计

在 这一章节中，我们将讨论几何式园林的历史发展、主流倾向、种植设计原理和通用模式。我们将用它们去分析一些著名案例，作一些实例研究并试着解读几何式园林种植设计的主要原理和基本概念（图 2.1）。

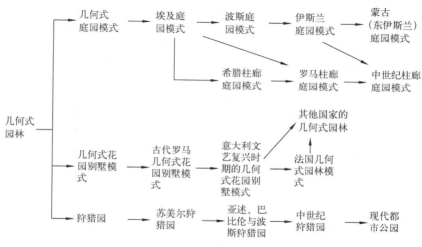

图 2.1 不同类别几何式园林间的关系

1.历史发展和主流趋势

我们知道，在 8000 ~ 10000 年以前，人类在安纳托利亚高原上和美索不达米亚平原东边的山脚下从游牧打猎转型为安稳的农业生产，并开始有系统地耕种特定的作物和驯养动物。[1] 然后，他们来到幼发拉底河和底格里斯河的三角洲。许多早期的园林来自农业，在基本和实际的需求上发展起来。他们之所以形成几何规则布局非常可能是为了更高效地灌溉。

西方几何式景观和种植设计源自美索不达米亚、埃及和波斯那片中东区域。几乎所有文明都起源于易于取水的区域，这些区域通常接近一条或者更多的河流。

---

1 Morris, A.E.J. *History of Urban From: Before the Industrial Revolutions.* England: Longman Scientific and Technical, Longman Group UK Limited, 1979. Reprinted 1990. p. 3.

在公元前 4000～前 3000 年之间，苏美尔人在新月沃土（The Fertile Crescent）—幼发拉底河和底格里斯河的冲积平原上用几个世纪的时间建造了多条用于灌溉的运河，甚至开发了许多有着复杂水系统的狩猎场，[1]这些狩猎场往往呈几何式布局。

他们还修筑一种一层叠着一层，被称为金字形神塔（ziggurats）的阶梯状高地以供奉他们的森林之神。[2]高地上采用了几何式布局种植着森林之神住所的树木植物。植物种类有橡木、雪松、柏树、杨树、柳树和海枣等。

乌尔城（Ur）的金字形神塔便是个例子。那是一座人工为月亮神 Nannna 建造的"神圣之丘"（Hill of Heaven），也容易让人想起古时苏美尔人为他们的山之神修建的住所。"神圣之丘"是一座建在一个 10 英尺高的平台上的 68 英尺高的四层阶梯金字塔。有一个非常巨大的楼梯通向正面的入口，其他面也各有一个楼梯。这个平台在过去很有可能还种植着树木。金字塔外墙被涂上不同的颜色：最低一层是黑色，最高一层是红色，神殿铺了蓝色釉的瓷砖，顶上是镀金的圆屋顶。这些颜色分别用来象征黑暗的地狱、土地、天空和太阳。

a. 埃及庭园

世界上的第一个装饰性园林（图 2.2）很可能出自埃及人之手。这种带有围墙的园林形式在 19 世纪发现的墓画中被表现出来。这些园林大多建造于公元前 3000 年到公元前 1000 年间。

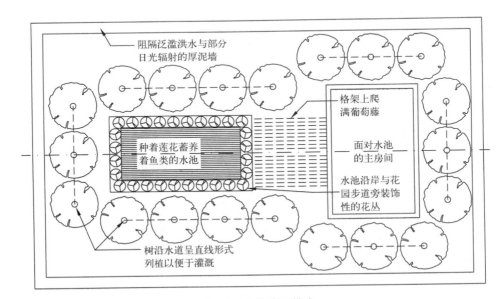

图 2.2　埃及庭园模式

1　Hobhouse, Penelope. *The Story of Gardening*. DK Publishing, 1st edition, November 1, 2002. p. 19.

2　Loxton Howard（Editor）. *The Garden: A Celebration*. David Bateman Ltd., 1991. p. 12

　　因为埃及地区大多非常干旱，甚至还有不少沙漠，所以当地的园林要维持自身的生态特征，就非常有必要具备一个尺度适当的水池。这个水池的形式往往不是长方形就是正方形，并渐渐成为园林的中心。方池一般被设置在屋子的正前方，以形成宜人的居住景观。水池里甚至还能养鱼和种植莲花。水池旁还以整洁的线形种植着成排的果树，通常是棕榈、无花果、石榴和埃及榕（*Ficus sycamorus*），既提供遮阴又可食用。

　　园子里让人遮阴的棚架上还爬绕着可供食用和酿酒的葡萄，其他地方则栽种蔬菜和鲜花。园子周遭的泥墙则保护花园免受尼罗河泛滥的灾害并能阻挡部分炎热的直射阳光。在园树和棚架提供庇荫，水池里的水蒸发使空气变得凉快和清新的同时，它们对居住者也有心理上的消暑作用。

　　对人们来说，它们就是沙漠里的绿洲，人间的"天堂"。由这些园林通常被其中灌溉用的水渠分割成几何规则的布局这点看来，几何形式的园林与种植设计或许便是源自对灌溉的需求。

　　这种装饰性园林风格最终发展成纯粹的观赏娱乐的园林，但这种基本的布局没有改变：一个规则形状的有鱼有荷花的水池，沿岸和路边都有装饰性的鲜花，提供树荫的树被种得整整齐齐。[1] 在干旱的地中海区域，这是一种非常实用的园林类型，并且最终还传播到其他许多地方，包括波斯和印度。

　　很早以前，在亚述、巴比伦和波斯地区就存在用墙围护着的狩猎场。这类封闭的区域除了种植一些植物，还驯养着专供皇家打猎活动的动物。波斯人把那个时候的这种半自然的封闭的园子称为"Paradise"。显然，"Paradise"在当时的意思仅仅指的是那种特定的园林形式，并不是指的我们如今翻译的"天堂"。

b. 波斯花园

　　亚述人在公元前 7 世纪征服埃及时把几何形式的园林与种植设计带回了美索不达米亚。在这之后，波斯人击败了亚述人并继而占领了埃及。波斯人掌握了这种几何形式的园林与种植设计并将其发展成为一种新的、特别的形式，同时，他们还一并吸收了埃及人对蓝莲花的喜爱。

　　波斯人吸纳了这种几何形式的园林与种植设计思想，并将这种思想发展到一个新的高度，形成了不同以往的新的形式。在一些波斯人的园林里，他们用交错的水道把园林分割成 4 个区域。在水道的交叉点布置建筑或水池。这种 4 分区域的理念或许源自他们早先对世界的认识——世界被分成 4 个部分。这或许也是在《古兰经》中被神圣地描述着的"一种新的形式的园，一种穆斯林的天堂的象征"——伊斯兰巧勒包格（Chahar Bagh）园的

1　Kuck Loraine E. *The World of Japanese Garden: From Chinese Origins to Modern Landscape Art*. Weatherhill, Inc., 1968. pp. 23-24.

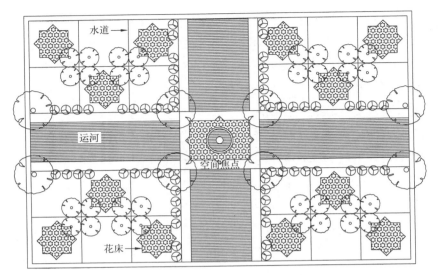

图 2.3 巧勒包格(四分园)模式

前身(图 2.3)。这种风格很快在当地扩散开来,甚至传播到中亚。4 个部分中每一个部分都可以被细分成更多复杂的布局。若是基地倾斜不平,则往往会被建造成有高低叠落的平台,水流沿着高差如瀑布般从一个平台跌落到另一个平台。水压足够时,比如当水源是来自一个标高更高处的水池时,在水渠的中心线上或它的沿边通常会设置成排的水喷泉。

波斯人比埃及人有更多的兴趣种花。他们是最早种植花卉的人之一。许多当今在欧洲很常见的花最初都是从波斯引进的。当波斯和中国发展了联系后,大量的植物在往来中被交换,并且许多被交换的品种随着时间的流逝也渐渐适应了两地的环境,成为乡土树种。

c. 伊斯兰花园

在公元 7 世纪,阿拉伯人占领了波斯并把波斯园林带回地中海,这种园林风格后来成为伊斯兰园林的基本形式。然后,这种形式经过北非和西西里传播到西班牙。摩尔人的阿尔罕布拉宫(Alhambra)的花园和格拉纳达的轩尼洛里菲(Generalife)花园便有着清晰的来源于波斯园林的特征:中心轴线和运河,水喷泉和花床。许多远在墨西哥和美国西南部的乡村园林亦深深受到这些特征的影响。

d. 希腊和罗马的影响

几何形式的园林与种植设计的理念也经由各种途径传播到欧洲其他地区。亚历山大大帝的征程除了把希腊的军队带到埃及、波斯等地以外,还把游乐园(Pleasure Garden)的理念带回了希腊。他们对所见到的花园的繁茂留下了深深的印象。

在希腊殖民地,极度奢华的花园被建造出来。在某些地方,悬空的平台、摆满花的院子、雕像、喷泉和运用水力的小玩意都是花园里独有的特征。他们也发展了柱廊式的庭园（Peristyle Courtyard Gardens）。用柱廊（Colonnades）代替走廊（Corridors）把花园围起来。水池和喷泉布置在花园的中心轴上，这个轴线通常也是房屋的中轴线，居住者的视线能由屋中直达庭院中心。五颜六色的芳香的灌木和其他植物匀称地沿轴线布置。墙上挂着的画也描绘着花园里的场景，使真实的庭院空间产生一种幻觉上的延伸。柱廊式园林与埃及的庭院也存在非常多的相似元素。

罗马人在从希腊带回柱廊式园林的同时还直接从埃及学到了几何形式的园林与种植设计的概念。他们还增加了修剪过的绿篱和树木。随着诺曼人征服西西里和东征的十字军骑士们进入阿拉伯地区，他们又一次发现了游乐式庭园，并把这种理念和许多新奇的植物一并带回欧洲。

e. 文艺复兴和意大利花园

几何形式的园林与种植设计则通过修道院庭园（Cloister Gardens）被带入中欧。文艺复兴时期，人们重新对罗马人的古代花园燃起兴趣。庭园里的柱廊被保留下来，乡村别墅和它的几何式花园也重新成为一种广受喜爱的模式。

意大利设计师发展了这种经典的模式并创造了许多非常不错的花园，包括埃斯特别墅（Villa d' Este）、普拉托利诺别墅（Villa Pratolino）、朗特别墅（Villa Lante）和弗拉斯卡蒂别墅（Villa Frascati）。[1]这些别墅和几何花园都是被当成一个有机的整体去设计的。原来内向型的花园也变得开放起来，包含了更多的外部景观。

f. 高潮：法式花园

1494年，法国查理八世占领了那不勒斯，并被波焦雷亚莱（Poggio Reale）地区的意大利风格的别墅和花园所深深吸引，甚至视之为"人间的天堂"。查理的军队把意大利的绘画、雕塑和挂毯，甚至连同意大利的匠人们一起带回法国来装点美化他们自己的别墅和庄园。意大利式设计方法也被改进以更好地适应法国的气候和地势。意大利的地貌多是冲积平原、山谷、台地和山丘，而法国的地势更加平坦，树林更茂密。这样平坦的地势使得法国无法像许多意大利园林基于陡峭山地营建水景观。法国人发展出一种用护城河作为装饰性水道并结合作为湿地排水的做法。[2]

法国人继承了来自意大利等多个国家的几何形式园林与种植设计，并把它们发展到一种新的高度。许多著名的几何形式园林与种植设计都在法国诞生：凡尔赛宫（Versailles）、尚蒂伊城堡（Chantilly）、沃子爵城堡（Vaux-le-Vicomte）、圣日耳曼昂莱堡（Saint-German-

---

1　Kuck, Loraine. E. *The World of Japanese Garden: From Chinese Origins to Modern Landscape Art*. Weatherhill, Inc., 1968. pp. 23-25.

2　Hobhouse, Penelope. *The Story of Gardening*. DK Publishing, 1st edition, November 1, 2002. pp. 121-161.

en-Laye）等。法国的几何形式园林与种植设计传播到了荷兰、英格兰等许多欧洲国家。一些英国庭园也同样是很好的模范。

当近东和欧洲发展和完善几何形式园林与种植设计的时候，世界另一边的中国在悄无声息地发展和完善着自然式的庭园和种植设计。

中国的园林早在公元前 2800 年就开始发展（一说更早于此，仍需资料证明）。我们在之后的章节里将有非常全面的有关自然式园林设计的讨论。这两种主要的园林与种植设计风格有着它们独自的起源和道路。由于它们之间几乎没有交流，所以在 17 世纪以前它们对彼此没有任何影响。直到 18 世纪的英国景观运动（English Landscape Movement）开始，自然式园林和种植设计才在欧洲被创造出来。

g. 为什么几何形式园林占领了近东和西方世界？

几何形式的园林和种植设计在近东和欧洲占主流地位数千年，为什么呢？

我觉得有以下这些原因：

首先，这些地区都非常干旱并且雨季很短。几何形式的种植设计易于实施高效灌溉，在这些地区非常实用。

第二，在西方将天堂本身以某种类似于园林的形式被感知有着久远的历史，这甚至更早于被《圣经》所记载的伊甸园。天堂具体的样子很难详细描述。伊甸园的描述也并非很详细，但它给予了设计师一些设计的灵感。

虽然在近东和西方有很多宗教信仰，但主要的像犹太教、新教、天主教、伊斯兰教都奉行一神论。尽管这些主要的宗教之间存在某些根本性的不同，但至少在东方人看来，它们却有一些较大的相似点：他们各自都相信着有且只有一个无处不在的神，哪怕他们未必认同彼此的神。

许多《圣经》的章节在犹太教、新教、天主教中是一样的。《古兰经》中也改编了《圣经》中的一些章节。他们都认为是神创造了一切，包括光、空气、土壤、天空、水、人类、动物和植物，一切皆有因循且按部就班，没有偶然的因素。他们都认同是神给了人类发落地球上万物的权利。

由于植物属于生物的一部分，所以它们应该被合理地安排在花园的布局里，而不是随意地出现。把植物修剪规整是可接受的。

几何形式的园林和种植设计所体现出来的合理性与他们一神论的思想是相适应的。同样，很可能基于这个理由，导致许多几何式花园都只有一条主轴线、一个庭院中心、一个支配全局的主题。所有的这些主要的宗教都认为水是象征生命的重要标志。他们称水是"生命之水"。所以，花园的中心常常都是水或一些与水有关的装置。从埃及式庭园的水池到凡尔赛宫的护城河，例子不胜枚举。

水在这些地区是稀缺和珍贵的，人们也乐于观赏水或水装置，这或许也是水总是花园的中心的原因。伊甸园里有一条分别流向比逊河（Pishon）、基训河（Gihon）、底格里斯河、幼发拉底河四个源头的河。而一个几何形式的园林通常亦由四条水道所切分。园林中的四条水道或许就取意于这四条河流。由此解释为何这种园林模式如此盛行也不无可能。

第三，过去几千年的大部分时间中君主制是统领这些地区主要的政治体系。几何形式的园林和种植设计可以营造出一种郑重的、仪式性的气氛并且能体现君主统治的力量。同时，建造和维护一个宏伟的几何式园林的财政支持也是来源于君主统治。法国平坦的地形使得这种园林的构图和优点更加显著。也许这就是为什么这种园林模式在法国这样一个被君主统治并且拥有相当平坦地形的国家达到了巅峰的原因。

第四，许多极有天赋的园艺设计师已经发展出了较为成熟的几何式园林设计的模式、技巧和相关技术。这些模式、技巧和技术通过贸易和战争在一个又一个国家间传播。

一个很好的例子就是埃及式庭园模式的传播：中心的大水池，用于灌溉的水道，列植的树木和几何形状的花圃。

另一个例子是：包括法国在内的一些国家的几何式园林中砌筑台地的手法或许受到曾经苏美尔人建造的泥土丘和早期许多园林形式的影响。几何式园林和种植设计常常采取一种自高台或高阁的窗户向下观赏的视角。这也很可能是由于大多数复杂得多的几何图案在这种视角下更容易被欣赏和理解。古老的观念往往认为越高意味着越好。

在西方和东方的园林中这点几乎是共通的。在规模较大的法国园林中，就常常有建在高处供游览者俯瞰花坛、花床和结节园（Knot Garden）中展现出的几何式图案的观赏平台。高大的乔木仅被种植在园林外围或用于框造远景，绝不会种植在靠近建筑的地方从而遮挡人们从中观赏园林里几何图案的视线。

最后但却同样重要的是，几何式园林和种植设计通常是对称的，规整而均衡。经过一代又一代的发展及不断的尝试与失败，它们变得成熟起来。它们美丽的式样受到众人的喜爱。我们所要做的是从过去的传统几何式园林和种植设计中学习和继承，分析和吸收它的精髓，并且将这些运用到我们今天的设计中去。

h. 几何形式园林的植物和象征意义

根据特定的地域和文化，在西方的几何式园林和种植设计中某些植物有特殊象征意义。很多现今生长在欧洲花园里的植物来自地中海国家。

在古埃及，树木有重要的象征性和宗教含义，供奉着不同的神：象牙棕（Doum Palm）代表埃及神话中的月神透特（Thoth），海枣（Date Palm）代表最高的太阳神拉（Re）和旅人的守护神敏（Min），柽柳（Tamarisk）代表冥王奥利西斯（Osiris），桑树（Sycamore）代表爱情与丰饶之神哈托尔（Hathor）。树木还被用来围合庙宇建筑以营造一种神圣的有宗教意味的景观。

在希腊和波斯，年轻人被任命种植乔木或果树都是一件神圣的事情。希腊妇女则为了每年的阿多尼斯（Adonis）祭典而栽种生菜（Lettuce）、茴香（Fennel）等速生植物，以此象征着这位在狩猎野猪时不幸身亡的阿佛洛狄忒（Aphrodite）的爱人短暂的生命。

较大的罗马式园林和意大利文艺复兴式园林中还时兴设计一处有某种神圣意味的果树林和池塘。[1] 棕榈树、松树和石榴被种植在果园并都有各自特定的象征，因为在它们下方往往会举办各种特殊的仪式。

海枣（*Phoenix dactylifera*）已有 6000 ~ 8000 年的栽培历史。它不单被用于埃及式庭园，在伊斯兰园林中也备受喜爱。凤凰（Phoenix），海枣的俗名，来自一种传说栖息在阿拉伯沙漠（Arabian Desert）的神秘鸟类，每隔 500 ~ 600 年就通过火焰来获得新生。海枣在阿拉伯被叫做 *nakhl*，在《古兰经》中被提到了 20 次。Nakhilstan 是一个海枣园的名字，也有着绿洲的含义。[2]

2. 基本的模式和主要的设计思考

就以上的讨论看来，我们可以将几何形式的园林和种植设计总结为三大模式：几何式庭园模式（Formal Courtyard Garden Prototype），几何式花园别墅模式（Villa and Formal Garden Prototype）和狩猎园（Hunting Parks）。让我们总结一下各种模式的主要特征和设计思考。

a. 几何式庭园模式

几何式庭园是几何形式的园林和种植设计发展的一条主线。它起始于埃及式庭园，影响到了波斯园林，然后是伊斯兰园林、蒙古的花园和中世纪庭园。它亦直接从埃及式庭园发展到希腊的柱廊式庭园，接着是罗马，然后是意大利文艺复兴时期的园林形式。

早期埃及式庭园并不亲近自然，反之认为自然是恶劣并带有破坏力的。园林则是一个与恶劣自然环境分隔的天堂。厚厚的围墙被用来阻挡热和洪水。这种几何式庭园类型最终传播到了一些不这么干旱的地区，并作了一些调整以适应当地的条件。例如，在干燥的沙漠气候中，花坛往往下沉凹陷以便灌溉，而在潮湿的气候里，有时它们会被设计抬高来便于排水。

1）埃及庭园模式（图 2.2）

它们是游乐园（Pleasure Garden）形式的前身。园子为它后方的房子而设计，并为主

1　Loxton, Howard (Editor). *The Garden: A Celebration*. David Bateman Ltd., 1991. p. 15 .

2　Hobhouse, Penelope. *The Story of Gardening*. DK Publishing, 1st edition, November 1,2002. pp. 26-29.

房屋提供景观和凉爽的地方。它通常为很厚的泥壁所围合，并有一个或多个能养鱼和种植漂浮植物如蓝睡莲的方形或矩形水池。树木沿直线成排种植，藤蔓爬上棚架以供遮阳。植物的选择通常是海枣、无花果、石榴和埃及榕（Ficus sycomorus）。灌溉水道和直线步道将花园变成规整的形状。花卉和果蔬被种植在庭园的其余空间。今天，这种原型对于干燥和沙漠地区仍然非常有价值。

2）波斯庭园模式

它们很可能是埃及式庭园的直系后代。庭园被设计为从其内的凉亭中能够得以观赏其自身。它们有浅而交错的灌溉水道，其水源来自地下的坎儿井（quanats）或巨大的地下穴道。这些穴道能从远处的山区带来水源。

对于面积较大的庭园，它们可能有一个中央水池和水上凉亭，浅的灌溉水道也由较大的人工运河取代。树木沿着这些水道列植。花床位于步道平面以下以便于灌溉和被更好地观赏。由此看来，波斯人已经注意到几何式的花床图案从更高的位置观赏起来更好。花床虽是规整的形状但是花儿却自由生长着，从不修剪。具有浓郁香气的植物更是备受青睐。波斯人比埃及人更喜欢花卉，种植的种类也比埃及人多得多。水仙花、郁金香、丁香、茉莉、玫瑰和橙树是常用的植物。

许多植物都以马匹和葡萄与中国交换而获得。庭园的墙外，可能还有一个较大的封闭式公园。在原本有斜坡的地方，园子可能会被处理为具有不同标高的台地，但却遵从着基本的模式。用于波斯园林中的其他植物还有法国梧桐(也叫东方悬铃木)、柏树、高大的榆树、笔直的白蜡、多节的松树、乳香黄连木、高贵的橡树、桃金娘、枫树、葡萄、石榴、柑橘、柠檬、阿月浑子、苹果、梨树、桃树、栗子、樱桃、温柏、胡桃、杏树、李子、扁桃、无花果和瓜类、海枣等。

3）伊斯兰园林模式

它们直接从波斯庭园改进而来，尤其是巧勒包格的园林（图2.3）。根据《古兰经》，天堂是一个理想的花园，其中有流动的水、美丽的花、茂盛的果树、悦耳的鸟鸣和迷人的黑眼睛美女。

巧勒包格园被灌溉的水道或运河分为四部分；在渠道或运河的交汇处常设置喷泉或建筑。在次级水道的交汇处种植着法国梧桐。沿主水道列植的柏树象征着死亡与不朽，果树则象征着生命和繁荣。

这个波斯园林的模式与《古兰经》的描述相符，于是便成为许多国家的伊斯兰园林的基本模式，包括西班牙和印度。著名的例子是被称作红堡（the Red Castle）的阿尔罕布拉宫（the Alhambra），西班牙有建筑师的花园之称的赫内拉利费宫（the Generalife），宫中包含一座被装饰性拱廊包围的典型的巧勒包格庭园——狮庭（Patio de los Leones）。其中的植物有法国梧桐、杨树、柳树和果树。在这类混合多种元素的模式中，于 Patio de la Riadh

里运河的每个端部都设置着莲花状的池塘，这还能看出受到摩尔人的影响。

1958 年发掘的古迹表明，原花卉蔬菜的种植床标高远低于现今的步道标高。这可能是为了便于灌溉和为了使花朵能够与地面标高保持一致。与阿尔罕布拉宫内庭的内向性相比，赫内拉利费宫显得更加向外界开放，且它的布置更是基于观望格拉纳达（Granada）的视线。因为设计的外向性，一些学者认为赫内拉利费宫是意大利文艺复兴时期几何式花园别墅模式的先驱。

被誉为花园城市的伊斯法罕（Isfahan），自 1598 年以来就是萨非王朝（the Safavid Dynasty）的首都，它也是根据波斯庭园的模式来设计和布局的。整个城市的规划灵感来自传统的波斯园林。这是一个花园，宫殿和清真寺的混合体。在巧勒包格的主轴线上，种植着两排法国梧桐的林荫大道、一条中央运河和花床，将宫殿花园与朝阳岱河（Zaiandeh River）另外一端的伊朗国王的皇家台地园林连接起来。

4）蒙古园林模式

13 世纪，在成吉思汗的带领下游牧的蒙古民族建立了欧亚大陆上最大的帝国之一。这是伊斯兰东部扩张的结果。蒙古的一支信仰穆斯林教并占领了印度。他们建立了莫卧儿王朝。

蒙古园林模式同样基于被蒙古征服者所带回来的波斯园林模式。蒙古园林的主要组成元素是果树、喷泉、垫高的种有成列林荫树的步行道和一个或多个由水道连接起来的矩形水池。

蒙古园林的一大特色是一种叫做 Chadar 的取代了小瀑布的倾斜叠水装置。它被设计为一个总能朝向大部分太阳光线的角度，且在它的表面往往刻有鱼鳞或贝壳的图案以增加折射效果和水流动的声音。著名的蒙古园林的例子有忠诚之园（Bagh-I-Wafa）、爱巢之园（Shalamar Bagh）和泰姬陵。

忠诚之园是一个被墙壁围合的四重的花园，里面种植着甘蔗、橘子树和石榴。花园由水道分为四个部分。

泰姬陵是世界上无与伦比的奇迹。它是一个被其中的运河分为四个部分的典型的巧勒包格园林的布局。白色的陵墓被设置在一个抬高的台地上。陵墓靠近河流使得能够接受从河面吹来的凉爽气流，且能被河上的船只和对岸所见。它被设置在中心运河及其分支的交汇处。白色陵墓在中央运河中的倒影也使其增色不少。它最初由星状花坛和果树所点缀，但现在被平坦的草坪和孤植树木所取代。

5）柱廊庭园模式（图 2.4、图 2.5）

古希腊人从埃及的几何式庭园中学习和发展出柱廊庭园模式，这种模式被古罗马人继承和发展，然后在文艺复兴时期由意大利人继承和发展。

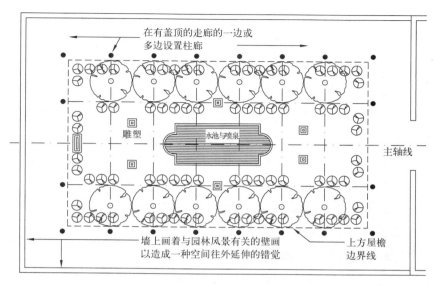

图 2.4　波斯庭园模式

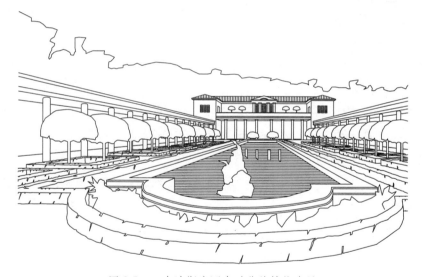

图 2.5　一个波斯庭园中对称的植物布局

在柱廊庭园中，庭院被有盖顶的单边或多边柱廊所包围；它被当成建筑的一部分而设计，作为一间室外的沟通绿色的"房间"。园林的主轴线也是建筑物的主轴线。水池、水景、喷泉、雕塑和植物沿轴线对称设置。花坛往往下沉以便灌溉。院墙上常有风景主题的壁画，造成一种花园空间向着更大的范围延伸开去的幻觉。

在希腊的柱廊庭园中，植物通常采用曼德拉草类（*Mandragora officinalis*）、马兜铃、银莲花、琉璃花、虾膜花（*Acanthus mollis*）、老鼠簕苋（*Acanthus spinosus*）、鸢尾、百合、海百合（*Pancratium maritinum*）、海枣、阿比西尼亚玫瑰（*Rosa X Richardii*）、犬蔷薇（*Rosa canina*）、西洋玫瑰（*Rosa centifolia*）、藏红花（*Crocus sativus*）、桃树（*Prunus persica*）、柠檬（*Citrus limon*）、川姜活（*Angelica sylvestris*）等。这些植物也是古希腊的建筑元素造型的灵感来源：模仿虾膜花或老鼠簕苋草做成科林斯柱式的柱头。模仿川姜活建造了有凹槽的圆柱。

在罗马的柱廊庭园中，植物通常采用圣母百合（*Lilium candidum*）、海枣、无花果、菊花、橄榄、石榴、温柏、月桂、桃金娘、常春藤、草莓、梧桐、佛手柑（*Citrus medica*）、柠檬（*Citrus limon*）、罂粟（*Papaver somniferum*）、白牵牛花（*Calystegia sepium*）等。

6）中世纪欧洲的柱廊庭园

一些中世纪欧洲的列柱走廊庭院花园也使用了伊斯兰花园原型。例如，在阿尔勒，走廊花园在查赫巴格的设计基础上有一些变化：被拱廊圈住的花园、被四条路分开、每条路都被草坪和野花覆盖、四棵树被种植在庭院的四个角（每个角一棵）。

药用草药、蔬菜和花被种植在中世纪欧洲的走廊花园中。花被剪下来用作祭祀。山涧的百合、长春花、牡丹、蜀葵、西洋樱草、紫罗兰、玫瑰、草莓、桂足香、雏菊、鸢尾和樱桃是中世纪走廊花园中的种植材料。这些花园常常和圣母玛利亚联系起来。白百合和玫瑰花苞常常被用来象征纯洁。

在中世纪的欧洲，城市里出现了公共花园，这些花园往往只是一些种了树木的草地。拥有土地的贵族和富人创造出了游乐园和私人菜园，它们经常是封闭而形式规整的。私人菜园的塘子里还蓄养着鱼。迷宫也被创造出来。他们有时被标记在教堂的人行道路上，有时在户外的草坪上被切割出来。不能亲身往耶路撒冷朝圣的信徒可以遵循着这些图案一路跪行，来完成前往圣城朝胜的象征之旅。

中世纪的园林要素主要有：种着果树的途径，长着藤本或玫瑰的木框架；露台（生长着被修剪如雕塑的灌木）；花草丛（一片开满了花的理想草地）；安置在被围合的小花园中心的一个喷泉；设置在花园的中心以标记园径或通途交会处的凉亭；种植床；爬着玫瑰的格架状的栅栏或树木；覆盖草皮的条形坐处；人造景观林（Viridarium）。[1]

b. 几何式花园别墅模式

与先前提到的几何式庭园模式相比，这种模式与自然有着更为密切的关系。几何式花园别墅模式的发展至少可以追溯到古罗马时期，但是这不是主流的园林设计。直到文艺复兴时期几何式花园别墅才成为一种主流形式，并且在意大利和一些其他国家变得非常流行，也最终影响和帮助了法国几何式园林的形成。

1　Hobhouse Penelope. *The Story of Gardening*. DK Publishing, 1st edition, November 1, 2002. pp. 98-117.

1）古代罗马的几何式花园别墅模式

古代罗马人首先发明了这种模式。富裕的罗马人在他们的乡间别墅中创造几何式花园。这些花园的灵感可能源于希腊和希腊园林中的圣林。它们或许有鸟舍、鱼塘和湖泊、山坡上的梯田、自然的林间空地和几何样式的植物种植，甚至还有可供骑马的赛马场。

小普林尼（Pliny the Younger）有两座别墅。一座是位于荣誉之城（Laurentium）的海滨别墅，离罗马17英里。在这座房子里，有一间夏季餐厅面朝大海，一间冬季餐厅面向花园。花园是几何式的，笔直的受约束的道路连接起各个有趣的节点。植物大多采用黄杨、迷迭香（用于在直面海风影响的地方代替黄杨，海风会使黄杨枯萎）、桑葚、无花果、花床上芬芳的紫罗兰和爬上藤架的藤蔓。小普林尼很重视别墅和花园之间的交互性，将它们作为一个整体来设计。

另一座别墅是他在托斯卡纳的地产，位于一个缓坡上。它各方面的视野都不错。小普林尼在给Domitus Apollinaris的信中写道："……我的房子，虽然建在山脚下，但却拥有着就像位于更高处的视线。地面的上升是如此平缓，以至于你还没意识到自己在爬山的时候人都到了山顶。"在它后方的远处是亚平宁山脉。如果你从别墅往下看，山脚下的村落看起来"不像真实的地物却像一幅精致的绘画"。

花园展现了一些重要的几何式园林设计方法：房子和花园被作为一个整体设计，它们有共同的主轴线；均运用了正十字交叉轴线和对角线斜轴线；这些轴线从某些有趣的节点向外辐射（如喷泉、雕塑等），这些不同的节点和景观都由笔直而受约束的路径相连接；几何式的花园被设计为从别墅的主房间中就能够观赏。

小普林尼大概意识到几何形式的园林要素和种植设计在较高处能获得最佳观赏效果。他把别墅安置在一个高点上，使他可以俯视位于不同标高的台地抑或斜坡上的几何式园林（图2.6）。从主入口向南俯瞰，他可以看见装点着雕塑和被黄杨树篱围绕起来的台地。一个向着种满老鼠簕属植物的大草坪的斜坡上点缀着被修剪成动物形状的黄杨，且为被修剪得低矮整齐的树篱所包围。

另外的空间是一处点缀着修剪过的灌木或植物雕塑的活动场地，毗邻着一个有着室外露台和绝佳景观的大餐厅。该设计还强调遮阴、喷泉的降温作用和修剪的技术。

在他的作品中，小普林尼还描述了一个非常大的被梧桐树围绕的跑马场，常春藤爬在树干和树枝上，在树与树之间生长并将树连接起来。每两棵梧桐之间种着一棵黄杨，在它们后面是月桂。在另一端，这种栽植形式变为一个半圆形，柏树种植在道路外缘遮阴，道路内缘一侧则种满芬芳的玫瑰，由此，荫蔽的凉爽与阳光的温热形成了非常宜人的对比。

穿过这些蜿蜒的小径，你将进入一条与众不同的，被黄杨树篱分隔的直道。在某处你或许会看到一片草坪，在另一处或许是黄杨被修剪成上千种不同的形式，其中各处又散布着升起的小方尖塔，时而又见到它们变成了果树。在这优雅的秩序之中，你总会为一个突然出现的模仿着闲散的乡土气息的美景而感到惊喜，在其中心是一处空地，周围环绕着一圈低矮的梧桐。

这些景色的另一边是一条种着柔软卷曲的老鼠簕属植物的步道，它周遭的树木也被修剪成不同的形状。[1] 每接近一个小喷泉的地方，都有供游人休息的大理石座位。

2）文艺复兴时期意大利的几何式花园别墅模式

文艺复兴时期，意大利人本主义建筑师阿尔伯蒂（Leon Battisci Alberti，1404 ~ 1472年）在 1452 年写下《论建筑》一书，全文直到 30 年后才出版。他从小普林尼的作品中引用了大量内容，有时几乎是逐字在复述，尤其是如何相地设置别墅和花园：别墅和它们的花园应该位于山坡上以获得较好的视线、光照和通风。坡度应平缓，使得游人在他们抵达别墅并尽收这一切美丽的景色之前几乎无法觉察。像小普林尼一样，阿尔伯蒂也青睐于采用有香味的常绿树种和修剪过的灌木、喷泉、流水、雕像、人工石窟和石花瓶。

在文艺复兴时期的意大利有许多几何式花园别墅被建造出来。它们有一些共同的特点，遵循一些基本的设计原则：几何式的花园被设计为从别墅的主房间中就能够观赏。

由于设计师意识到几何式花园从高处或许能获得最佳观赏视点，他们便把别墅设置在较高的位置（通常是山坡上），且别墅常常有三或四层楼高，甚至还会设置在台地上使它更高一些（图 2.6）。花园被设置在低处不同标高的台地或斜坡上。较低的花床或花坛一般在接近别墅处设置，较高的植物种植在离别墅较远的地方。

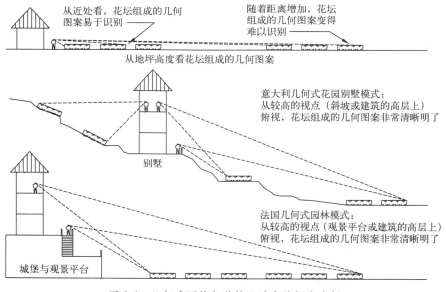

图 2.6　几何式园林与种植设计中的视线分析

1　Radice, Betty (Translator). *The Letters of the Younger Pliny*. Penguin Books, 1969. pp. 139-144.

别墅和几何式花园正式被作为一个整体设计，并与水池、喷泉、方尖碑位于相同的主轴线；雕塑沿轴线排列形成一系列不同的空间。

别墅和花园一般情况下基本沿着主轴线对称。花园被笔直而受约束的步行道划分为规整的形状。道路被两旁的柏树或者经过切削的边缘强化出来。道路交会处设置凉亭。

除了正交十字轴线，对角斜轴线亦被用来串起各种为游人制造惊喜的有趣节点。这些对角斜轴线也使得道路形成辐射状的样式。该阶段早期的几何式花园别墅沿用着古罗马的几何式花园别墅模式，别墅被设置在平缓的山坡上，但到了后来，所选取的斜坡慢慢变得陡峭，甚至还出现了大台阶。

设计师利用斜坡和高差创造出许多水景观。喷水设施被广泛应用。著名的例子包括普莱托里尼（Pratolini）的美第奇别墅（Villa Medici）、卡斯特罗（Castello）的美第奇别墅、佛罗伦萨的皮蒂宫（The Pitti Palace）、蒂沃利（Tivoli）的埃斯特庄园（Villa d'Este）、兰特别墅（Villa Lante）、弗拉斯卡蒂（Frascati）的托洛尼亚别墅（Villa Torlonia）、科洛迪（Collodi）的加佐尼别墅（Villa Garzoni）和在玛乔里湖（Maggiore）的伊索贝拉（Isold Bella）。

文艺复兴时期几何式花园别墅的理念像其他的艺术思想一样传播到整个欧洲，但阿尔伯蒂的建议并不总能适用于欧洲北部。许多中世纪庭园的特点在这些地区被保留下来，但这些庭园大部分都演变成了游乐园。

荷兰哲学家德西德里乌斯·伊拉斯谟（Desiderius Erasmus）以基督教的象征意义在风格主义的基调上描述了一个封闭式的游乐园：三面环绕大理石柱的廊道，鸟类饲养场，沿着墙壁绘画的植物和动物以及藏书馆。

在 15 世纪末的法国，出现了将城堡与几何式花园作为一个整体来设计的思想，但贵族坚持要保留护城河的想法使得将城堡与花园整合变得困难起来。

在 1482 年被法国兼并的勃艮第，一位意大利的艺术家设计了一座由抬高的观景平台围合起来的矩形花园。这个想法被在阿内（Anet）的法国建筑师菲利贝·德·洛梅（Philibert de I 'Orme）沿用，后来继而传到了北方。

在意大利出生的法国王后凯瑟琳·德·美第奇（Catherine de Medici），在许多园林中增加了有着自己家乡风格的复杂装饰。法国贵族和高阶教士也同样沿用了意大利式的理念。然而，由于法国北部较平坦的平原地貌，只有极少数场地能够拥有为意大利样式所钟情的斜坡。

这些封闭式的花园以远眺景观和更完善的展示功能为主；然而，如意大利园林那样连续的台地景观在这里是非常少见的。意大利的式样亦经由法国传到英国。

3）法国几何式园林模式

自 17 世纪开始，法国园林开始形成自己的风格。法国园林学习了意大利的几何式花园别墅模式，但根据法国平坦的地形改造了它们。较之于意大利花园基于高差形成的连续台地，法国人将城堡与花园作为一个整体设计于平坦得多的平地上。因为很少或几乎没有位于斜坡上的自然高位视点，法国人只能创造一些人工的高位：位于建筑物较高层的观景露台和房间（图 2.6）。

城堡通常楼高 3～4 层，在一层或两层楼高处设置观景露台。建筑物通常被设计在花园的主轴线上，以便于从它的高处欣赏整个花园：之前提到的高处的露台或主房间。几何形式的花坛、花床、结节园与草坪通常靠近城堡设置，高大的树木则被种植在花园的外缘以围合空间，同时避免阻碍自建筑物的观赏视线。

有时，花坛的图案直接模仿自某些其他的艺术品。例如，阿内地区城堡里的刺绣花坛（Compartiments de Broderies）是第一个比常规尺度大得多的由艾蒂安·杜·佩拉克（Etienne du Perac）设计的具有精致复杂纹样的花坛，花坛图案与绣花图案相同。黄杨树篱间原本由花卉构成的图案也被彩色的地面所取代。意大利园林就着斜坡设置流水景观，法国设计师则利用它们沿顺着或与花园主轴线正交的护城河来设计水景。喷水装置也依然被用及。

1651 年，安德里·莫莱（Andre Mollet）出版了《观赏庭园》（*Jardin de Plaisir*）一书。他在这本书里，将法国几何式园林的模式总结为：自房子主房间的视线畅通无阻，花坛、草坪和树篱尽收眼底。几乎每条道路的尽端都设置雕像和喷泉来造景。花园的其他元素还包括石窟、鸟舍、运河和各种水景。他甚至建议将描绘景观的画作置于走道尽端以创造更为有趣的景观。其中又一次提到，整个园林的设计是为了从建筑物的主房间中观赏的，同时规整的几何布局又显示着园林主人的权势和力量。[1]

法国的凡尔赛宫是最著名的几何式的园林和种植设计案例之一（图 2.7）。它由安德雷·勒诺特（Andre Le Notre）和勒布伦（Le Brun）设计于 17 世纪，原是一座法国国王的狩猎园，后扩建成法国最高统治者太阳王路易十四的豪华无比的行宫。

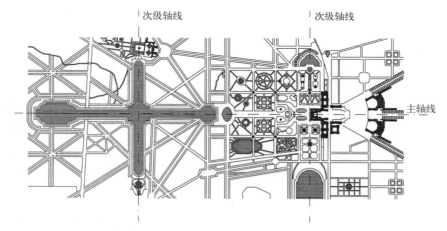

次级轴线　　　　次级轴线

主轴线

图 2.7　法国的凡尔赛宫是最有名的几何式种植设计案例之一

1　Loxton, Howard (Editor). *The Garden: A Celebration*. David Bateman Ltd., 1991. pp. 10-60.

路易十四选取太阳神阿波罗为该园林中一切象征性设计的主题。勒诺特和勒布伦在他们为财政大臣富盖（Nicolas Fouquet）设计了沃子爵城堡（Vaux-le-Vicomte）之后才为国王发掘出来。勒布伦主要负责设计各种象征符号和雕塑，勒诺特主要负责设计花园和植物。

勒诺特的设计策略是尽可能让整个花园被一眼尽收，所以它必须是相对狭窄的，而不需要使人的目光从一边移动到另一边。为了让花园令人印象深刻，又要展示其宏大的规模，花园必须很长，这样人便可以站在位于最高处的观景平台持续地观赏。花园的主轴线与建筑物的主轴线重合，从宫殿的中心往西直指日栖之处。这个设计使得路易国王位于整个布局的核心。阿波罗喷泉被放置在沿着这条轴线的运河终点处。

勒诺特用径向辐射肌理作为花园设计的母题，并在沿着运河的主轴线和小花园中的次轴线上都设计了径向辐射的道路。喷泉或雕像被放置在径向辐射图案的中心。这样，一个喷泉或雕像可以作为多条步道共用的景观。每个小的花园可以有其独特性，但它必须服从于整体的设计理念。三条大道将军事广场（Place d'Armes）和宫殿与凡尔赛镇联系起来。

在宫殿的西侧，游人通过高处的观景平台便能一眼望尽整个花园，观赏到沿着宫殿主轴线呈线性纹理设计的树和灌木组成的景观。许多有着不同几何纹理的低矮的花坛和草坪靠近观景平台设置。这样它们就能从观景平台和附近建筑的高层上被很好地俯瞰。通过这种观赏方式，游客便能真切地感受到设计中的几何形式。

除此之外，小径和运河周围还有林地。主运河被另一条连接着一个小动物园和特里亚农宫（Trianon）的水道正交穿过。在运河后方，地面坡度急剧升高，小径旁边的森林也更加茂密且一直延伸到地平线。综上设计，不难发现凡尔赛宫的花园其实是为乘坐马车的人而设计的，而不是为步行的人。[1]

我们将讨论一些在凡尔赛宫的种植设计中被使用的模式：轴线／对称，视觉上的线性阵列，径向辐射图案，母题，重复与韵律等。同时，凡尔赛宫也是平衡统一与变化之间关系的一个很好的例子。勒诺特将十字正交轴线作为花园的基本模式，同时也使用对角斜轴线来打破这种格局，以创造惊喜、趣味和高潮。大多数小花园都设计成矩形且大小都差不多，然而每个花园里的肌理却是独特的。

凡尔赛宫就像一曲动听的交响乐，有着非常清晰的主旋律，却又包含许多变化。所有的这些变化都是独一无二的，但同时又是相关联而统一的，强化着整体的大主题，共同创造出一个和谐的设计。

一个好的设计师应当能够掌握所有基本的几何式种植设计模式，并能灵活运用。

华盛顿特区的规划师、设计师皮埃尔·朗方（Pierre L'Enfant）就曾在凡尔赛宫度过了他的童年。这也许对他华盛顿特区（图1.1）的整体设计概念有着重大的影响，而这也解

1　Morris A.E.J. *History of Urban Form: Before the Industrial Revolutions*. England: Longman Scientific and Technical, Longman Group UK Limited, 1979. Reprinted 1990. pp. 174-178.

释了他在华盛顿的规划设计中之所以广泛运用斜向轴线、放射性图案和林荫大道的原因。

4）意大利几何式园林和法国几何式园林的比较

我们已经分别讨论了意大利几何式园林和法国几何式园林，现在让我们将他们进行比对以获得对他们更加清晰的认知。

意大利的几何式园林是对他们祖先创造出来的古罗马几何式花园别墅的再现，而法国几何式园林则是承接于意大利几何式园林。

在两种设计模式中，几何式园林都是向着在建筑高层的主房间中或高处的观景平台处欣赏而设计。别墅或城堡总是设置在花园的主轴线上。看来，这两种模式的设计者都明白园林元素的几何形式都要从高处才能获得最佳景观（即鸟瞰），但他们的设计手法却不同。

同样是为了提升视点高度，在意大利的几何式园林中，别墅往往设置在山坡中部，而法国设计师则通常把建筑（城堡）置于一或两层高的观景平台上。这或许也是因为意大利地貌有较多山脉、丘陵和山坡，而法国的地形则相对平坦许多。

出于同样的原因，意大利的几何式园林里也常见到被宏伟的阶梯联系起来的连续台地，水也通常处理成自斜坡上的水道往下流泻以展示水体的灵动之美。法国的几何式园林则通常将城堡和花园作为一个整体设计于一个几乎没有高差的平面上，除了城堡下方被作为观景平台而垫高的高地。护城河里的水面制造美妙的倒影来展示水的静态美。两种模式都有通往观景平台的大阶梯，都用了许多能够喷射水流的装置。

在两种园林模式中，植物也用了相似的处理方法：它们要么是靠近建筑（别墅或城堡）且形成精巧规整纹样的花坛、花床和草地，要么是为了框取远景和控制视线或将园林按不同功能形成不同分区而列植的树木或较高的经过剪修的绿篱。树木和绿篱通常设置在园子的外围并远离建筑，以防遮挡几何式园林的观景视线，因为几何式园林是由花坛、花圃、草坪和河道组成的。

两种模式中都有沿着正交轴线设置的道路以将园子分为对称却又不同的部分，且都有对角斜轴线与相应的道路来打破正交轴线与道路的规整布局并串联起各个不同而有趣的节点。使用斜轴主要有三个优点：

第一，它们能够以尽可能最短的距离联系起各节点；第二，它们能从一个节点衍生出辐射状的样式，使得多条道路能通往该节点而提高节点的利用率；第三，人们在到达斜轴与正交轴的交点时会发现这其中蕴涵的惊喜和趣味。人们在道路的另一端或许会发现更多景观。这些道路的两侧要么是沿着花坛的低矮的修剪过的绿篱，要么就是能将视线引导向远方景色的列植的高树或较高的绿篱。

c. 狩猎园

早在公元前 3000 年到公元前 2000 年，苏美尔人随着对马匹的驯化渐渐发展出了狩猎园。愉悦的景观、体育运动和对食物的需求被结合在一起。园子里有着规整的植物设计和复杂的灌溉系统。野生动物被蓄养在园子里，狩猎亭最终也演变为景观亭。亚述人、巴比伦人和波斯人继续发展着狩猎园。中世纪的国王和贵族同样也建造出了狩猎园。英国的风景园林或许亦受到了狩猎园的影响，并最终发展演变成现代都市公园。

3. 几何式园林设计原则、理念和常见模式

研习探讨历史案例和历史发展趋势的一个重要目的是总结经验和发展出一些我们能够在今天的设计和实践中使用的原则和模式。让我们来分析并试着总结一些在几何式的园林与种植设计之中具体的原则、观念、技法和常见的模式吧。

a. 花坛、花床和结节园

花坛、花床和精品花园通常设置在靠近建筑物、别墅或城堡的地方。花坛即是由经过修剪的绿篱围合着的花卉或蔬菜种植床。这些植物与有色的沙土可以用来组合出各种纹理，如狮子、龙或其他图案。在英国，这类带有图案的花坛被叫做结节园。对于较小的园林而言，其中的花坛、花床和精品花园中的纹理最好能够显而易见。

对于面积较大的园林，则需要考虑人在地坪上的视线范围。如果有面积较大的花坛、花床或精品花园，可能还需要设置高处的观景平台或露台（图2.6）。花坛、花床和结节园通常是向着建筑物如别墅或城堡等中主房间的观赏视点而设计的，因为在高处的视点能够更好地观赏它们的纹理，而且在某些法国的几何式园林中，这些纹理还常常会模仿地毯、布帘或刺绣中的图案。

b. 比例与尺度

在几何式的园林设计中一个基本的原则就是比例与尺度。尺度与物体的大小相关。而比例关乎不同物体间或同一物体中局部与整体的相互对照。比例与尺度涵盖了植物之间、植物与整个园林之间、植物与人之间、植物与建筑等方面的关系。

你不单要考虑它们在平面上的这些关系，也要考虑它们在立面与三维空间中的关系。植物的大小要与花园的尺度相适应。植物也可以用来化解巨大的建筑体量带来的不亲切感，而成为建筑体量与人体尺度之间的过渡元素。

例如，在被几栋六层高建筑围合的广场中，我们可以使用一些至少有三层楼高且树冠较大的树木，并结合一些灌木和多年生植物或者一年生的草本及地被植物。这些三层楼高的树木无论与建筑或者与广场的尺度都能取得协调。但如果我们在一个10英尺见方的住宅庭院中使用这种尺度的树木，便会显得树木与院子的比例不协调。

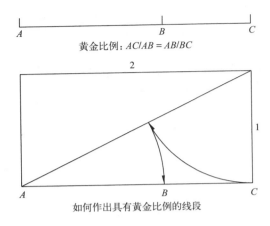

黄金比例：AC/AB = AB/BC

2

1

如何作出具有黄金比例的线段

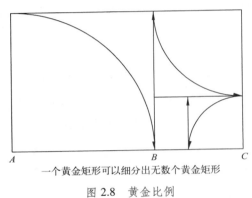

一个黄金矩形可以细分出无数个黄金矩形

图 2.8　黄金比例

运用黄金比例在立面上确定树的种植位置

在种植平面控制中运用黄金比例

图 2.9　在种植设计中运用黄金比例

在一个较小的花园中，相对于那些大叶而纹理粗糙的植物，我们更倾向于使用叶片相对较小且质感精细的植物。较小的叶片有使空间的尺度感变小的效果。精细的质感和纹理增加了花园的细节，使小花园显得更大。无论园林空间多么小，我们或许都可以找到一些与之相适应的植物。选择与花园空间尺度相适宜的植物是非常重要的。

c. 黄金比例

古希腊人在公元前 300 年左右发现的"黄金比例"被认为是最符合人眼审美的比例关系。黄金比例是什么？假设有线段 *AC*（图 2.8），将它分成两段：*AB* 和 *BC*，如果 *AC* / *AB* =*AB* / *BC*，那么这个比值就称为"黄金比例"。这个数值等于 1.61803 39887 49894 84820，或近似为 1.6。它也被称为"phi"，源于希腊的雕刻家菲迪亚斯（Phidias）的名字。图 2.8 还说明了如何得到两条成"黄金比例"的线段。长度与高度比等于"黄金比例"的矩形被称为黄金矩形。它可以被划分并且形成无数的黄金矩形。

许许多多的我们今天使用的物品中都能发现近似的"黄金比例"，如 3 英寸 ×5 英寸的照片、电视机的屏幕等。

"黄金比例"从古希腊时代起就被广泛地应用于建筑当中。位于希腊雅典的万神庙（Parthenon）就是一个很好的例子。它的平面里就有很多黄金矩形。它正立面的宽高比接近于黄金矩形，柱子之间的空间也吻合黄金矩形。

在几何式的种植设计中，"黄金比例"可用于划分种植场地及植物布局，也可被用于决定能够与建筑立面或花园景观产生良好比例关系的种植取点（图 2.9）。

d. 轴线与对称

轴线与对称的应用也是建筑、几何式种植设计及其他艺术领域中重要的技法之一。人的身体、植物的叶子及很多我们每天看到的东西都是对称的。在建筑领域，轴线和对称的应用几乎在历史长河中的所有文明里都能看到，如埃及的金字塔，希腊雅典的万神庙，中国北京紫禁城的设计和布局，美国华盛顿特区的国会大厦、华盛顿纪念碑和林肯纪念碑等。

轴线与对称也被广泛地用于几何式的种植设计中。有时候甚至还使用了多重轴线。在这些例子中，你需要分辨哪些是主轴线，哪些是次轴线（图 2.10）。

在加利福尼亚马利布的旧盖蒂博物馆（Getty Museum，Malibu，California），其大体的建筑布局和庭院布局都是对称的，并且或多或少地从柱廊庭院原型中得到了启迪。

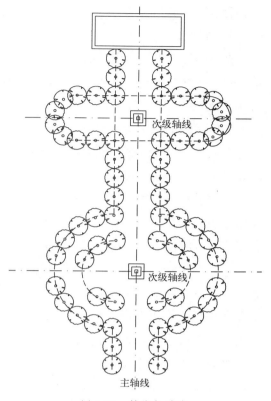

图 2.10 轴线与对称

其种植设计也使用了与建筑同样的对称轴线，以求创造出一个对称的布局：两排受到精心修剪的无花果树沿着庭院两边对称栽种。树篱也对称于主轴线。树篱和树列共同导向位于庭院末端的博物馆主建筑。从另一个视角来看这样的布局也可被看做以博物馆建筑为远景焦点的两排线性树列。

e. 线性形式

在几何式的种植设计之中最常见的形式之一便是线性形式（图 2.11）。通常是具有相似外形及大小的植物沿着直线被大致等距地种植。这是一种最简单却也最为有力的形式。单独一棵树看起来难免有些平淡无奇，但如果是一组相同品种的树以直线的形式排列起来，

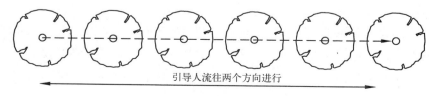

引导人流往两个方向进行

图 2.11 线性形式

它们会显得非常有气势。传统园林中的林荫大道就是线性形式的特殊例子，一组长势茂盛、枝干伸展的树沿着直线种植，以营造一种壮观的效果。

直线的形式引导参观者沿着直线移动，并且能够就透视效果创造出一种恢宏壮观的视觉景观。线性形式被广泛地应用着。它亦可以被用于地被、灌木和乔木。我们都见过沿着街巷、马路和大道直线排列的树。

在巴西的里约热内卢，沿着道路种植的两排大王椰子树创造出一种独特的街景。

在南澳大利亚阿德莱德的植物园里，有一条林荫大道两侧陈列着两排土生土长的摩顿湾无花果（*Ficus macrophylla*），也创造出了神奇的效果。

在加利福尼亚的一个小学里，也有高大的桉树按直线的形式种植，将学校与邻近的住宅区分隔开。另外一个例子是沿街种植的落叶树。夏天它们长满了绿色的叶子，秋天它们会变黄，也能创造出壮观的视觉效果。

直线形式种植的高大的棕榈常能形成一种热带或亚热带城市特有的天际线，为参观者带来一种有着独特"场所精神"的景观。

在洛杉矶的新的盖蒂中心（New Getty Center），直线的形式也被广泛用于引导游人的游览路径。盖蒂中心坐落在山顶上的圣莫妮卡市北部的405高速公路旁。

当游客到达，从位于山底的停车场走到更低的缆车站的时候，他们会看到一排蓝花楹（Jacaranda）与一排百日红（Crape Mytle）。两排树都是沿着直线形式种植，以强调缆车行进的方向。

当他们乘着缆车上山的时候，将看到沿着缆车行进的弧线上又有一排树。在盖蒂中心到达处的露天广场前，四棵松树以方形的形式种植着。这可以被看做直线形式的特殊形式。因为方形的四边都是相等的，这个布局实际上形成了一个具有宁静氛围的休息区并吸引人停留。在松树荫蔽的区域设置了座位区。

当游客走过三个巨大的户外台阶之后，往左拐，他们可以看到主入口北面的建筑、东面的建筑以及沿着步行道直线排列着的精心修剪的绿篱，三排灌木和一行百日红，这些植物引导游客进入博物馆入口。

在博物馆的入口处，两棵很大的悬铃木用它们优雅的枝条营造出雕塑的效果。往右侧，他们可以看到另一行直线排列的柳树，且树列向着中心花园的入口倾斜。沿着通向中心花园的楼梯，是另一行直线排列的百日红。但这一次，这些树被栽种在通向中心花园的逐级变化的台地上。

你可以看到设计者重复了很多次线性的形式以求达到统一。然而每次重复这种形式的时候，总会有一些变化。统一与变化之间的平衡是这个花园取得成功的秘诀之一。线性的形式是主题，而在植物种类、植物数量、植物外形轮廓和线性所引导的方向等方面亦在取得主题统一的同时又各有变化。

f. 线性形式与远景

　　两排线性形式的树通常会沿着步道排列，且尽端常会有远景。这种模式在文艺复兴时期透视画技法中被发现之后变得非常流行，因为它可以产生一种带有强烈透视感的景色。远景指的是花园之中某个有趣的节点，它可以是一个喷泉、一个雕塑、一处亭阁抑或是一个建筑的入口、一个独特的花园小品，甚至是一棵造型奇特的树（图 2.12）。

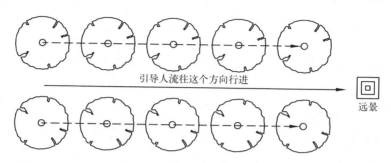

引导人流往这个方向行进

远景

图 2.12　有远景的线性形式

　　有时，在主要道路的两边，每边都有两排树。在这两排树之间会形成一条更为狭窄的次级道路。这是一种过去常用的技法。比如，在勒诺特设计的法国古典园林之中，他也喜欢使用这种指向远景的线性形式。他会使路面在延伸的同时缓缓升起以创造一种路的尽头就是地平线的效果，让人觉得道路延续无尽。在上述例子中，"地平线"便是远景。

　　这种做法在白金汉宫的斯陀园（Stowe）也能见到。成列的大树以线性的形式栽种在马路旁边，并且引向远景：一座哥特式的"宫殿"。

　　两排蓝花楹沿着从停车场通向建筑主入口的步行道种植。两排胡萝卜木树（Carrot Wood）以相对较远一些的树距沿着线性形式种植，从而营造出供游人集散和等候的场所。数行玫瑰丛也以线性的方式排列着以呼应整体的设计理念。所有的这些线性的树列和灌木都向着远景，即建筑物的主入口。

g. 线性阵列

　　几乎在所有人类文明的种植形式中都能发现线性阵列。它首先应用于农业种植。在许多亚洲国家的稻田和麦田中，加利福尼亚中部的开心果种植园中和南部的橙子园中都有应用。线性阵列可以被看做两排以上的植物以线性形式种植（图 2.13）。这种技巧是实现大面积种植区域的覆盖或形成一个种植园

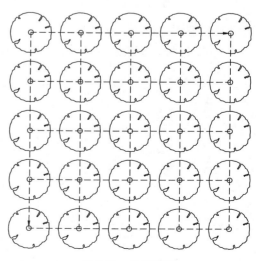

图 2.13　线性阵列

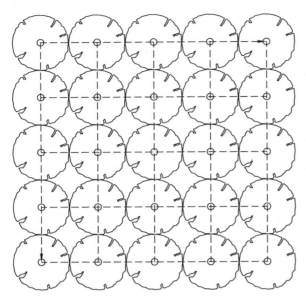

图 2.14　线性阵列中增加树冠的尺寸能创造不同的感受

的理想方法，且它可以用于地被、灌木或乔木的种植设计。你可以试着通过扩大这些树的树冠面积来产生不同的感觉（图 2.14）。

在西班牙的橙树园（Patio de los Naranjos），成排的橙子树以这种线性阵列的方法种植，种满了科多巴大清真寺（Cordoba's Mosque，现为大教堂）旁的园地。成排的橙子树对齐着在大清真寺里成排的柱网排列。建筑物的内部与外部的庭园被当做一个统一的整体来设计。

当线性阵列形成的整体形状近似方形时，它会营造出一种平静安详的感觉。一个例子就是在洛杉矶的盖蒂中心里一个被咖啡厅和餐厅围合出的 U 形室外餐饮庭院空间。

落叶树以线性阵列的方式种植，然后树林的中部被空出一部分而形成一个镜像的 U 形以围合庭院原本的开放边。这个被建筑与树木所围合的空间也近似于一个正方形，这种布局可以营造出一种宁静的氛围而使人们驻留。

夏季的时候，树木长满了叶子为人们遮阴。

在冬季，当叶落归根时，又是一番完全不同于夏季的景色。阳光穿过枝干洒下并将座椅晒暖。在环绕盖蒂中心 100 英亩的山地上，许多树木和灌木也是线性排列着的，并且是阵列在斜坡上。

当线性阵列的整体形状接近于一个矩形时，它会引导人们沿着矩形的长边运动（图 2.15）。在拉斯韦加斯的金字塔赌场饭店（Luxor Hotel and Casino），有几行棕榈树被以线性阵列的形式沿着人行道种植，它们的大体形状就是一个矩形。这个形状引导着人流沿矩形的长边运动直至建筑的主入口处。当然，如果短边的树木的行数增加，矩形线性阵列的指引性功能势必会被削弱。

线性阵列有一种变体是三角形阵

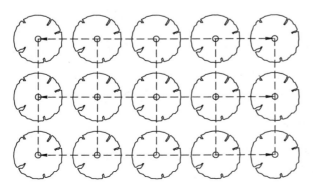

图 2.15　矩形的线性阵列引导人流沿矩形长边运动

列（图 2.16）。植物被布置在等边三角形中。这种阵列形式在大型的种植区域同样十分适用，且也适用于地被、灌木和乔木。

h. 环形阵列

环形阵列是指沿着环形布置植物（图 2.17）。在这种模式中，环形的中心成为空间的焦点，是一个理想的设置雕塑、喷泉或其他有趣的庭院景观之处。这种模式通常适用于轴线的终点处理。

在英国的白金汉郡哈特韦尔宅邸（Hartwell House）的后花园，好几个层次的花床便是使用这种模式并按着同心圆种植，且越靠近圆心处的植被越高。

在美国加利福尼亚州西南部阿纳海姆（Anaheim）的迪斯尼主题公园里，迪斯尼的创建者——华特·迪斯尼的雕塑被放置在美国小镇街（Main Street USA）的尽端，且恰好处在由公园入口、美国小镇街和梦幻乐园（Fantasyland）共同构成的公园的一条主轴上。作为空间焦点的雕塑为六棵按环形陈列着的常青树所环绕，并与树阵共同形成主题公园的重要节点。

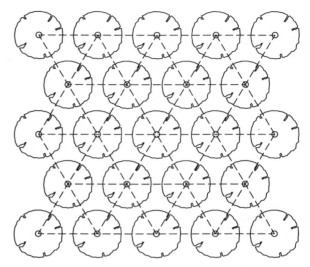

图 2.16 三角形阵列

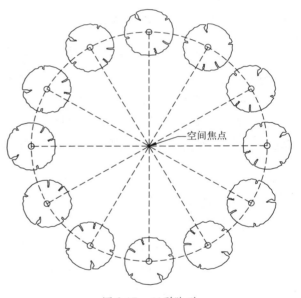

图 2.17 环形阵列

同样，在加利福尼亚州的一个社区公园里，六棵落叶乔木也是以环形阵列的方式环绕着游乐沙池种植。这种布局方式与游乐沙池本身和环形混凝土长椅的形式都达成了一致。这样一来，沙池中色彩缤纷的滑梯便成为这个儿童游乐场的空间焦点。

i. 重复和韵律

重复即是以多次使用同一种种植的布局形式以创造出某种韵律。为了能够形成韵律，某种布局或模式至少应被重复三次，否则便很难产生出韵律感；但如果仅仅是许多次的重

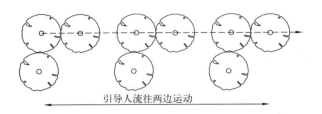

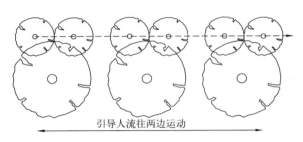

引导人流往两边运动

图 2.18　重复与韵律

复而没有一点变化或对比，它亦将会变得非常无趣。

重复能带来统一，对比则带来变化。一个好设计其诀窍就在于如何在重复和对比、统一和变化中找到平衡。

与线性阵列相似，这个方法能引导人流沿着好像被重复的方向运动（图2.18）。曾有这么一句形容建筑的话：音乐是流动的建筑，建筑是凝固的音乐。这句话指的就是在建筑和音乐中同时适用的韵律的基本原则。这些原则也可以用于种植设计。

在音乐中，许多歌曲都有各自的主旋律，这个主旋律在被重复的时候常常会伴随着调子升高或降低的变化，且每次对应的歌词也会变化。这个原则可以引申于种植设计：我们可以在某座园林的种植设计中不断重复运用某种种植模式，比方说重复使用线性阵列模式；但同时又要有一些变化：每组相同模式中植物类型的变化，比如说从地被变为灌木再变为乔木，从落叶树变为常青树；改变每组相同模式中植物的数量，改变组与组间树木的尺寸等，形成有变化又和谐统一的种植设计。如果设计师有音乐功底无疑将对设计非常有帮助。

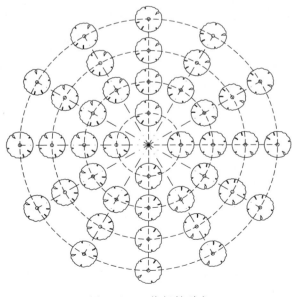

图 2.19　环状辐射形式

j. 放射形式

放射形式即是参照放射的轴网在场地上布置植物或种植区域。这种模式会在放射中心处形成空间焦点（图2.19～图2.21）。

在一座药用植物园中，种植区域可能会采取放射形式设计。代表着该植物园主题的铁制采摘篮雕塑被设置在放射的中心点上，成为该空间的焦点。

另一个在设计中运用放射形式的经典案例是法国的凡尔赛宫，敬请参阅之前对凡尔赛宫的详细讨论，此处不再赘述。

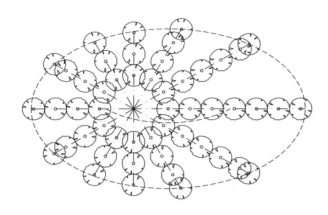

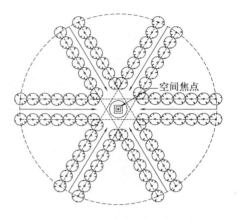

图 2.20　以椭圆为母题的辐射形式　　　　图 2.21　环状辐射形式的变体

k. 母题

　　母题指的是在不同的规模或尺度中被重复使用的某种形式、形状或模式。这种技法可见诸建筑设计、硬质景观设计、平面设计等之中。同样，我们也可以将其应用于种植设计。比如，用不同大小的正六边形作为母题可以形成如图 2.22 所示的种植模式。我们亦可以使用其他任何形式或形状作为母题来创造出各种不同的模式。

l. 递增和递减

　　种植设计中的递增指的是依据尺寸、高度或体量等从小到大的规律来布置植物。递减则与递增相反（图 2.23）。这种方法可以在平面或立面上用来控制植物的布局。

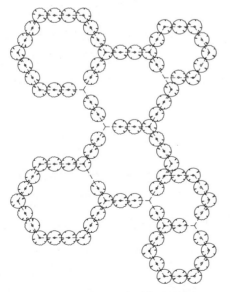

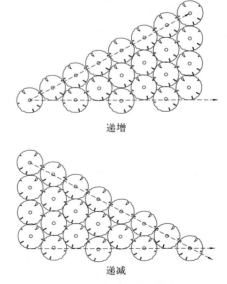

递增

递减

图 2.22　以正六边形作为母题　　　　图 2.23　递增与递减

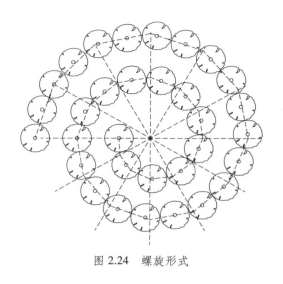

图 2.24　螺旋形式

m. 螺旋形式

我们都见过在自然界中的种种螺旋形式：河流、海洋或飓风中的漩涡以及蜗牛壳上的螺纹。在建筑中，最著名的运用螺旋形式的例子之一便是纽约的古根海姆博物馆：整栋建筑中的楼板是一个以螺旋形式缓缓上升的整体，楼层间也因此不需要设置楼梯。

种植设计中的螺旋形式即是将植物按着螺旋的形状来规划种植；螺旋线中心即是空间的焦点（图 2.24）。

n. 从建筑、平面设计、抽象画作、音乐和其他艺术中获取的灵感

许多不同门类艺术中的原则都是相通的。优秀的景观设计师能够从建筑、平面设计、抽象画作、音乐和其他艺术中获取灵感。比如，法国的设计师们在许多著名的法国几何式园林中都使用了一些源自地毯上的几何图案来布置植被。与此相似，一些抽象画作或花格窗中的图案亦可以用于几何式的种植设计之中。我们可以用不同的材料来重现这些图案：比如植物。我们可以参照这些图案来设计出修剪得整齐有序的绿篱丛或色彩分明的地被组合，抑或是从这些艺术作品中获取激发我们创造出新的模式的某种灵感。

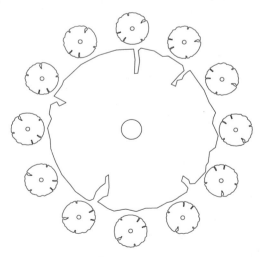

图 2.25　环形阵列形式强化空间的重要性
和空间焦点

o. 从自然中提取抽象形式

对于种植设计而言，自然是另一个重要的灵感来源。比如螺旋形式可以看做从河流、海洋或飓风的水涡或蜗牛壳上的螺纹中抽象出来的形式。

p. 形式的灵活使用

中国有一句古话：师傅领进门，修行在个人。在我们讨论完几何式种植设计的基本形式之后，我希望并鼓励读者自己去尝试着掌握这些基本的形式并根据不同设计任务的要求灵活地使用它们。我们可以举一些例子来告诉大家怎样去做：环形阵列形式可以增强空间整体的重要性和强化中心点的统领性（图 2.25）。

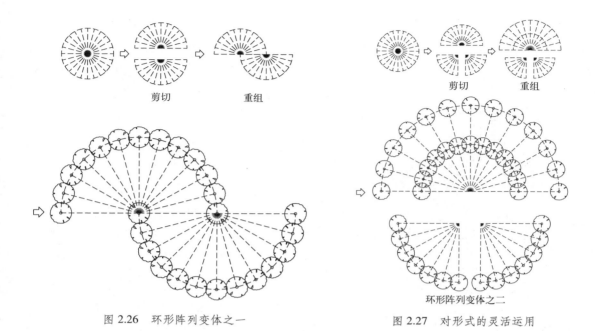

图 2.26　环形阵列变体之一　　　　　图 2.27　对形式的灵活运用

这种放射的形式可以被切成两半然后重组（图 2.26）。它的其中一半还可以被进一步切割成两个相等的扇形，然后与原来的那一半通过各种尺寸的变化再重组为更为复杂的形式（图 2.27）。

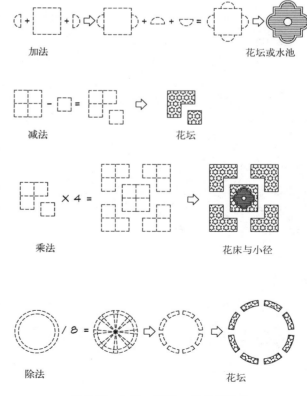

图 2.28　加法、减法、乘法和除法

当要在种植设计中尝试一些新的几何模式或布局方法时，我建议使用一些简单的技巧，比如加法、减法、乘法和除法。加法指的是将两个或者多个基本形式组合在一起以形成一种新的形式。减法指的是从基本形式中减去一部分来形成新的形式。乘法指的是将同一个基本形式多次重复使用而构成新的形式。我们之前所讨论的重复便是一种乘法。除法指的是将一个基本形式进行均等地拆分而形成新的形式（图 2.28）。

使用我们之前讨论过的基本形式和方法，我设想了数种几何式花园和种植设计的方案：方案一的园子中心

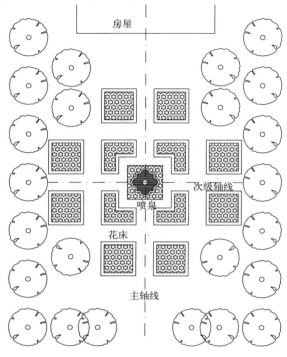

图 2.29　几何式庭园设计方案一

处是一些用了加法、减法和乘法设计的花坛，围合这些花坛的树木以线性形式种植（图 2.29）。花园按住宅的主轴线左右对称。整个花园的中心焦点是一个喷泉。这个花园无论从哪个方向看起来都不错。自住宅的主房间中，你可以欣赏到园中的花坛和喷泉，而花园前部的树木又能将视线导向远方。

方案二以环形花坛作为母题，三组环形花坛形成了园子里的三个趣味中心，每一组花坛的中央都有喷泉、雕塑或者凉亭（图 2.30）。这三个趣味中心由线性排列的树木联系起来。这些树木也围合了花园空间并限定出中心地带的多功能草坪区域。这个花园的几何构图使得住宅的形式和外观变得更为完整。

方案三是被一组修剪整齐的条形绿篱和按线性排列的树木所围合的一个传统的结节园（图 2.31）。

在方案四里，园子中部有四个精品花园，四周由环形阵列的树木围合。在很多古老的文明中，方形象征着大地而圆形象征着天宇。这个园子的几何形式亦反映着一种古老的观念（图 2.32）。

方案五的重点在于向着高处观景平台与建筑中主房间的观赏视点而设计的由花床构成的几何形式（图 2.33）。它运用低矮的灌木围合出两条规整的路径，每条路径上都有一个雕塑作为视景。在主轴线与其他路径的两处交会点设置有两个喷泉。房子及观景平台处拥有可

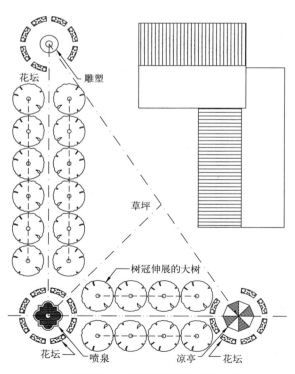

图 2.30　几何式庭园设计方案二

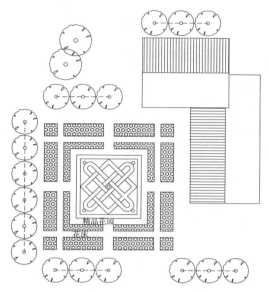

图 2.31 几何式庭园设计方案三

图 2.32 几何式庭园设计方案四

以观赏到被边上树木围合的花床或花坛的绝佳视野。在庭院的尽端,树木和花床组成半圆的形状。人们可以通过半圆形外围树木中间的缺口眺望到远方的景色。这个设计的灵感来源于意大利和法国园林中的观景高台和严谨的路径。一些看似漫不经心地种植在建筑旁边的树木打破了总体规整的几何形式,为该设计增添了一丝灵动的变化和乐趣。

方案六是在方案五的基础上做的一个更为复杂的设计(图 2.34)。我们运用相同的手法和规则来设计了一个更大规模的花园和一个药用植物园或菜园。我们还在房子的前方增设了一个能够形成建筑倒影和凉爽环境氛围的水池。受到埃及庭园模式的启发,池中还能养鱼种莲来为庭园增加趣味性。如果主人有特殊要求,也可以做成泳池。通过步道,将水池、花园与菜园连接起来。

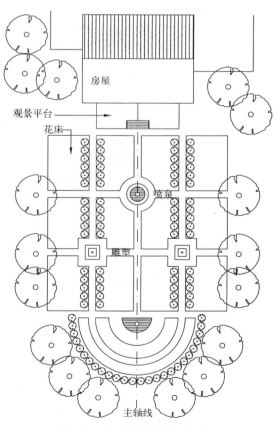

图 2.33 几何式庭园设计方案五

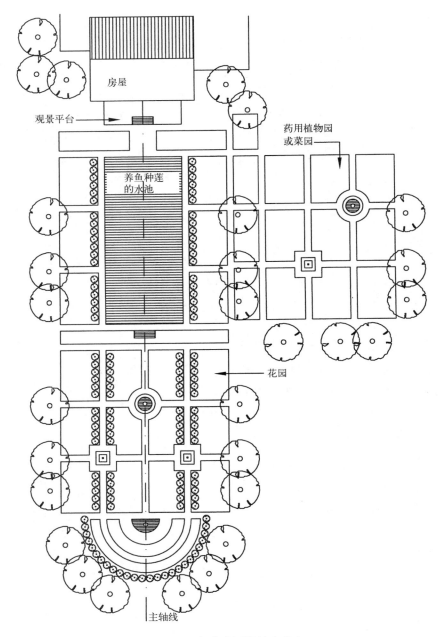

房屋

观景平台

药用植物园
或菜园

养鱼种莲
的水池

花园

主轴线

图 2.34　几何式庭园设计方案六

q. 植物本身的形态和习性是设计中的可变因素

　　了解了几何式种植设计的形式和规则后，现在我们便可以运用植物本身的不同形态和习性，来创造多样化的种植设计。运用的植物不同，相同的种植模式也可以营造出不同的效果（图 2.35、图 2.36）。

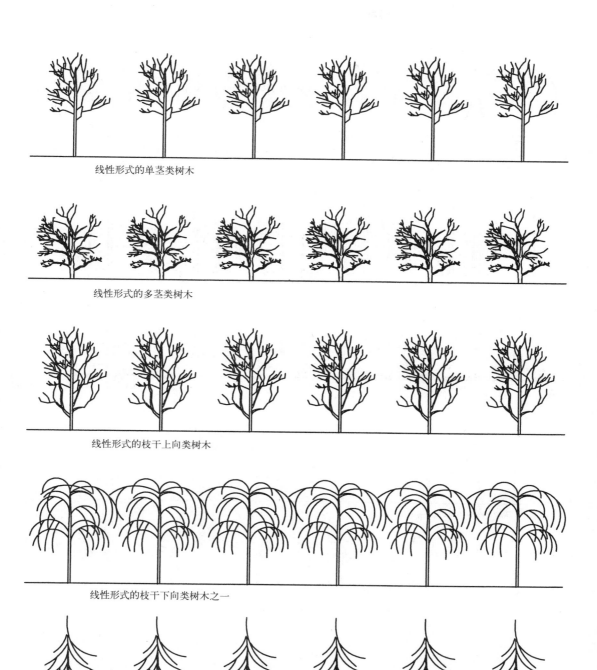

线性形式的单茎类树木

线性形式的多茎类树木

线性形式的枝干上向类树木

线性形式的枝干下向类树木之一

线性形式的枝干下向类树木之二

图 2.35　植物的习性是设计中的可变因素

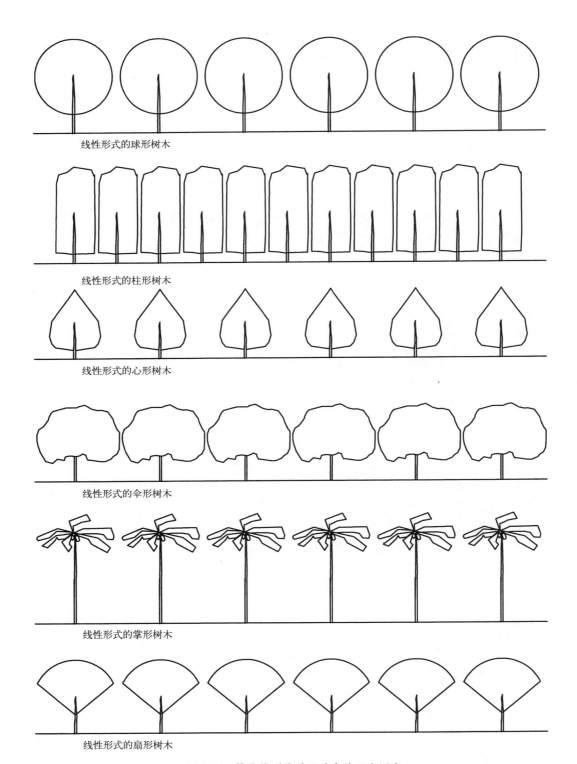

线性形式的球形树木

线性形式的柱形树木

线性形式的心形树木

线性形式的伞形树木

线性形式的掌形树木

线性形式的扇形树木

图 2.36 植物的形状是设计中的可变因素

4. 实例分析

a. 盖蒂中心的中央花园

　　在洛杉矶盖蒂中心的中央花园中，运用了许多上文讨论过的设计方法：整个中央花园采用环形形式作为母题。这一母题同时呼应并强化了在科研机构建筑、博物馆以及礼堂的设计中使用的环形形式。

　　整座花园被设置在一个相当陡峭的斜坡上。如果你从花园的最高处(即北端)开始游览，你将会看到一个嵌在花园北部挡土墙包围中犹如半个瓶子状的下沉空间。这个"瓶"高约12英尺。一条溪流的源头，自"瓶"的顶端沿着其内壁潺潺流下。

　　顺水而行，将会到达一条曲折下行的缓坡，实际上这是一条无障碍通道。这条步道由笔直和环形的匝道组成。沿匝道而下，数次穿行于水流与两旁绿意中，视线总是被左右两边的草坪吸引，几乎无暇往山下看。沿途，你还可以欣赏到溪流沿岸装饰精巧的植物和水中奇石。

　　溪流亦变化多端，时而植物丛生，时而奇石林立，时而穿越渡桥。科研机构建筑、露天咖啡厅以及博物馆围合出了一个U字形的庭院，庭院中步道的周围布置了大片的草坪。走在林间，漫步小径，穿越小桥流水，你将多次感受到空间大小穿插变换的奇妙组合。

　　终于，越过一座长桥，水面将变得开阔，瀑布奔腾的声音萦绕耳际。一瞬间，你进入了一个广阔的空间，巨大的圆形花园跃然眼前，城市远景举目可见：这里是整座花园的高潮。这时候你才意识到，原来那条曲折的步道不仅仅是简单的无障碍坡道，而是结合着沿途林木与溪流分散你注意力的伎俩，所以你一开始并没有注意到这个高潮节点，然后你便能够满怀惊喜地与它邂逅。

　　水面越发开阔，流经最后一座桥后便沿着花园的主轴线奔流而下，成为瀑布。曲折的水流、两岸的绿荫自然流畅地向规整对称的花园过渡转变。瀑布两侧，各有三"棵"攀满了精美藤蔓的环形树状钢架。这些人工"树"对称地布局，强调了花园的主轴线。

　　瀑布旁边，设置了大片空地作为中心花园的人流集散区。由于盖蒂中心坐落在山顶，所以拥有可以鸟瞰圣莫尼卡市中心、眺望洛杉矶西部、太平洋和好莱坞山壮丽景色的绝佳视野。要是在晴朗无云的天气，位于瀑布旁的集散空地，你甚至可以透过局部环形陈列着的树丛形成的"景框"观赏到整个圣莫尼卡市中心、洛杉矶甚至是太平洋的景观。

　　花园的中心是一个抽象的环形结构，由漂浮在水面上的装饰性植物以及环绕着它们的两排落叶树组合而成。圆形的仙人球亦被用来强调环形排列的落叶树阵。这些精心设计的景观位于地面层以下约15英尺的标高上，因此当你站在地面层标高附近或某座邻近建筑的高层上俯瞰它们时，你很容易便能感受到这些景观设计中的匠心。此处，我们再次注意到对几何形式的设计中青睐于俯瞰视点这一法则的运用。

环形的无障碍匝道再次曲折下行，与环绕着中央公园的步行道相连。当你踏着这条步道向公园中心走去，沿途时而郁闭狭窄，灌木藤蔓丛生，时而视野开阔，甚至可以看到花园中心水面上摇曳着的装饰性植物。正如你所看到的，在花园步道沿途，植物和其他各种元素被用来创造出各种有趣的空间，形成大小变化的多次穿插。

倘若沿路逆行，你亦会发现反向的空间序列也是如此妙趣横生，最终你会看到的远景是那形如半个瓶子状的下沉空间。无论哪个方向，是来是去，或迎或往，中央花园都创造出了绝佳的空间序列体验。

由于种植了不少落叶树，所以夏天和冬天的中央花园将会呈现出两种截然不同的景观。

b. 一个被多功能建筑群包围的商业广场

我们讨论的下一个场地，是由一组多层、多功能的建筑群所限定出的商业广场（图2.37）。正如我们看到的，建筑整体布局是对称的，有一条主轴线和两条次级轴线。我们可以采用布局对称的种植设计，来匹配原先建筑的整体布局（图2.38）。我们使用线性形式的树列，以引导人流从交叉点向广场运动，同时在主建筑的入口附近种植了两棵大树以营造"灰空间"。常绿树种沿着主轴采用线性形式列植，而呈环形阵列种植的树木则用以强调喷泉和下沉的"圆形露天广场"式的布局。同时，在每一座建筑的入口附近对称种植低矮的特征植物，以强调次级轴线，另外还设置了8英尺高的绿篱来遮挡外露的变压器。通过地被植物的设置来控制并防止斜坡受到侵蚀，用矮篱笆（约3英尺又6英寸高）作为斜坡边缘的安防护栏。沿着建筑外围种植落叶植物和树冠较薄的植物，可以使多层办公楼中经由窗户往外的视线更加通透。

若本地气候炎热、潮湿，不利于设置下沉"圆形露天广场"，那么我们可以用一个抬高的平台来代替它。二者空间效果会有所不同：下沉的"圆形露天广场"会引导人们的

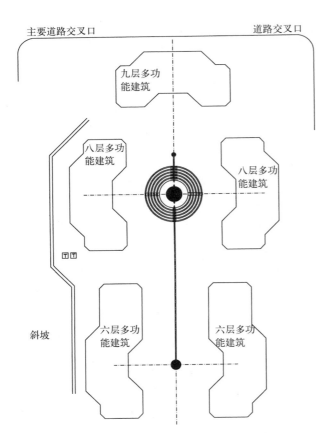

图 2.37　一个被多功能建筑包围的商业广场

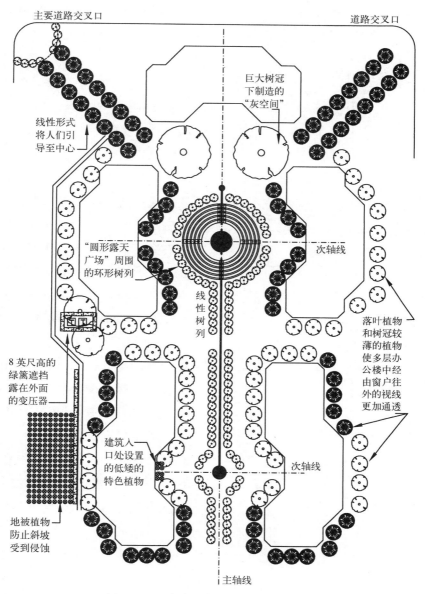

主要道路交叉口

道路交叉口

巨大树冠
下制造的
"灰空间"

线性形式
将人们引
导至中心

"圆形露天
广场"周围
的环形树列

次轴线

线性树列

落叶植物
和树冠较
薄的植物
使多层办
公楼中经
由窗户往
外的视线
更加通透

8英尺高的
绿篱遮挡
露在外面
的变压器

建筑入
口处设置
的低矮的
特色植物

次轴线

地被植物
防止斜坡
受到侵蚀

主轴线

图 2.38 一个商业广场的种植设计概念

视线往下并聚焦于广场中心，而抬高的平台会引导人们的视线往上看。在这两种手法中，我们都可以使用环形阵列形式来增强空间的布局效果。

c. 一个典型停车场的种植设计

现在让我们来讨论一个典型停车场的种植设计。我们不妨假设，城市里要求按每6个停车位配有1棵树，且普通停车位的大小为9英尺×17英尺，最小的车行道宽度是25英

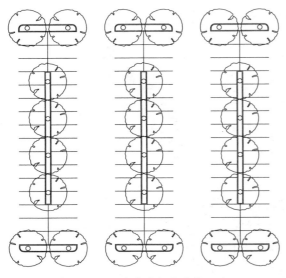

图 2.39　一个停车场的种植设计

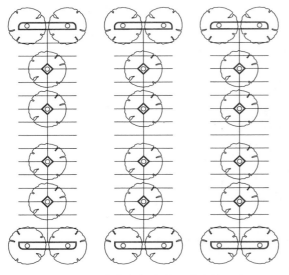

图 2.40　一个停车场的另一种种植设计

尺。现在有 3 种方法来设计种植：第一种方法是在两排停车位之间设置长条形的种植池。

在此例中，我令面对着种植池的停车位尺寸为 9 英尺 × 17 英尺，其他停车位尺寸为 9 英尺 × 19 英尺又 6 英寸（图 2.39）。另外，我们需要在停车位里靠近树木的地方设置止退器以防止车撞在树上。通过这样的布置，我们便能得到一个宽 5 英尺、约长 90 英尺的种植池。我们在条形种植池里种上呈直线排列的 4 棵树，又在每两排车位两端的绿化带里各种 2 棵树。这样每两排车位便有一共 8 棵树（这两排中共有 32 个面对面的停车位）。算下来，4 个停车位对应 1 棵树，这个数目要高于城市所要求的比率（每 6 个停车位对应 1 棵树）。我们可以用约 3 尺高的绿篱来遮挡停泊的车辆，但行人的视线能够穿透树冠以下、绿篱以上的区域，这样驾驶者也能看到路上的行人。要确保在灌木丛中留有足够多的间隙供行人穿越。我们可以在其他停车位的设置中通过重复这种布局形成韵律。

第二种方法是在停车位之间设置菱形的种植池（图 2.40）。

第三种方法是在每对停车位之间和每列停车位的尽端设置种植池，在种植池中心种上树木。这种设计能够直接避免车子撞在树上，又可以不用设置止退器。树的根部生长在种植池里会日益压迫，我们应该选择适合的品种。用在停车场的灌木和地被应能承受交通工具的碾压。

5. 几何式园林中种植设计的基础性原则和基本理念

为了更好地理解几何式种植设计，就让我们来分析一下其中的基础性原则和基本理念。

a. 强调人类改善自然的能力

几何式种植设计体系里第一个基本理念便是强调人类改善自然的能力，且几何式种植设计亦是人类体现其改善自然能力的途径之一。这尽可以见诸于位于法国的凡尔赛宫，位于华盛顿特区的国家广场（The Mall in Washington D.C.），位于加利福尼亚州马利布的旧盖蒂博物馆的庭院及其他许多我们在本章里讨论过的例子。

b. 将花园与建筑视为一体

几何式种植设计体系里的第二个基本理念就是将花园与建筑视为一体。在几何式种植设计体系中，植物就像建筑的构件一般重要。几何式种植设计中运用了和建筑设计相同的美学法则和模式，例如，比例和尺度、"黄金比例"、线性形式、线性阵列、环形阵列、轴线与对称、重复和韵律、辐射形式、母题、递增和递减等。

c. 强调人类的智慧和几何之美

几何式种植设计体系里的第三个基本理念就是强调人类的智慧和几何之美。这与贯穿于整个西方文明中自古希腊和古罗马便开始的对几何之美的孜孜不倦的求索是一致的。

第二部分

自然式种植设计和中国园林案例研究

自然式种植设计包括中国园林、一些美国和欧洲园林，特别是英国自然风景园等。在这一部分（第三、四、五、六、七章），我们会用中国园林作为案例学习，讨论自然种植设计。主要有两个原因：

首先，为了对自然种植设计作一个深入而详细的讨论，我们必须专注在一种园林风格上以便探索种植设计的文化、象征、情感和心理特征以及艺术概念。这里部分原因是因为在此之前相关研究没有对自然式种植设计做过全面研究。

为了解决关于自然式种植设计研究不足的问题，我们必须从一个特定的园林风格着手。只要我们对这个特定风格园林作了全面研究，我们就可以用相同的方法来分析其他自然种植设计风格。实际上，在中国园林案例研究中，我特别注重总结了常用的种植设计原则、方法和概念。它们不仅可以用在中国园林种植设计上，还可以用在其他园林上。这一章节中讨论过的许多植物已经用在了美国、日本、英国、澳大利亚和其他很多国家。

其次，中国园林有着悠久的历史，而且此书的作者曾在中美两国接受教育，精通中文和英文。他可以广泛地获取中英两者资源并且以中国园林作为案例研究开始了对自然式种植设计的全面研究。

这本书中用到的许多关于中国园林的原始材料，是第一次被介绍到西方世界中，而且对西方园林有很大的启发和帮助。书中还涵括了一篇关于中国园林和日本园林对比研究的章节以及一篇关于中国园林和英国自然风景园对比研究的章节，这样读者就能更好地理解在自然式园林和种植设计方面的三种主要流派。现在就让我们从学习中国园林种植设计的自然、历史和文化概况开始吧。

第三章　中国园林种植设计的自然、历史与文化概况

1. 中国的自然景观

在一定程度上，中国园林是对中国自然景观的主观演绎。因此，为了更好地理解中国园林的种植设计，我们有必要去了解一下中国自然景观的概况。

图 3.1　中国自然景观：华山景色

a. 地貌

中国的总体地形是西部较高，东部较低。中国大部分山脉走向都是自西向东，地形变化非常丰富：平原、盆地、丘陵、高原、山脉（图 3.1）和一些特殊地形（黄土地、喀斯特地貌和冰川）。

b. 气候

中国的气候被三大因素控制：季风、山脉和气旋。冬季季风干燥寒冷，从陆地吹向太平洋；夏季季风温暖湿润，从太平洋吹向陆地。因此，中国的大部分地区夏季雨量比冬季多。

东西走向的山脉就像一个屏障，阻挡了夏季南方的湿润季风和冬季北方的寒冷季风。因此，北方内陆地区的气候总是干燥、寒冷的，而南方沿海地区的气候都是温暖、湿润的。沿海地区比内陆地区拥有更长时间的雾霭天气。最长时间的雾霭天气集中在山东半岛东南端、杭州入海口以及沿海陆地。气旋通常会引起像暴风雨、台风这样突然的天气变化。

c. 水文

中国西高东低的总体地貌布局使中国大部分河流自西向东流，并最终汇入太平洋。其

中，最著名的河流是黄河（Yellow River）和长江（Yangtze River）。自从南方内陆地区全年降水量偏高以来，中国南方比北方拥有更大的河流数目和河流流量。例如，长江的河流流量是黄河的12倍。

中国河流的泥沙含量也不尽相同。其中一个重要的原因是看河流流经地区是否有充足的植被来抵御河流所带来的土壤侵蚀。黄河流经黄土高原地区的土壤侵蚀非常严重。它的泥沙含量（每年13.6亿公吨[1]）是长江的两倍多。这让洪水泛滥成为一个多年来困扰周边地区的问题，并造成了中国人民与黄河千年以来持续的抗争。泥沙沉淀不断地在黄河河床上积累，也使得人们不停地加高河岸来防止洪水泛滥。结果导致在某些地区，黄河底部甚至比附近的村落还要高。

d. 土壤

在一些环境因素（如纬度、离海洋的距离、高山的影响、气候和植被的变化）的作用下，中国的土壤可以划分为两个类型：海洋型，主要形成于相对湿润的森林植被地区；陆地型，主要形成于半干旱和干旱气候条件下的内陆地区。而人类活动同样也影响着中国的土壤类型。事实上，中国整个中部地区和南方低地都被高度改良的稻田土壤所占据。

e. 植被

地形、气候、水文和土壤的多样性使中国成为世界上拥有最丰富植物资源的国家。例如，中国开花植物和蕨类植物品种的数量约占世界同种植物群的10%。在大约30000多个品种里，包含将近7500种乔木和灌木的独特本土品种。中国人民在过去的1000多年里，成功地培育了上百种野生植物。[2]

造成中国拥有丰富得令人惊讶的植物资源的原因，主要有以下三个方面：首先，在过去的地质历史中，中国大部分地区都未经历过极度严寒的气候。当其他国家许多品种都灭绝的时候，在中国它们得以生存和发展。其次，南方湿润季风会携带水分到达喜马拉雅山麓，给众多的山区植物提供了良好的生长环境。最后，北方寒带地区，南方亚热带地区和山区这三大植物区系在这种良好的环境下混合生长了数千年。[3]

总的来说，中国植被的特点是两大自然植物地貌：中国东南部的林地和西部的沙漠草原。[4]

中国的植被类型从南到北在纬度上形成有序的变化：热带雨林、常绿阔叶林、混交林、

1 Chiao-min Hsieh (Jiaomin Xie), *Atlas of China* (San Francisco: McGraw-Hill Book Company, 1973), p. 45.

2 Sheng-ji Pei, *Botanical Gardens in China* (Hawaii: Harold L. Lyon Arboretum, University of Hawaii, 1984), p. 7.

3 Maggie Keswick, *The Chinese Garden: History, Art and Architecture* (New York: Rizzoli International Publications, Inc., 1978), p. 175.

4 Ibid., pp. 51-56.

温带落叶阔叶林、北方硬叶混交林和针叶林。同样，植被类型在从高到低的山坡上也形成有序的变化：高山灌木和草甸、云杉和冷杉针叶林、落叶阔叶林、常绿阔叶林和热带雨林。

在中国西北干旱的草原化荒漠和欧亚大陆中心地带的内部排水区，植被呈现出同心环纹状，围绕着无边无际的沙漠，或干涸的河流盆地，或咸水湖。从最外围到最里面的环上，在同轴区域的植被类型依次是：混合草原和林地过渡地带、广袤无垠的高矮草种草原、碱性盐水植物群落和沙漠灌木丛。[1]

2. 中国人眼中的人类、自然与庭院

在中国人的眼中，人类是天地或宇宙的产物。自然，通常指代的是世界上完整而又超越人类影响的那一部分，更准确地说应该称为"第一自然"。有时候，它也指代着被人类再现或调整的那部分。但它们始终保留着最主要的性能和与原来相似的状态，也被称作"第二自然"。

一个中国园林可以被定义为：一个地区中的一片独特领域。人们利用和改造自然地形，或创造一个人工地形，并将文学、绘画、建筑、水池和动植物等整合起来，建造一个让人身心愉悦的可供观赏、游憩、居住的自然环境。[2]

中国园林源于自然，却高于自然。山峦、水体、植物都是自然风景中必不可少的因素，同样也是自然园林中的要素。中国造园工匠从来不简单模仿自然元素的原始状态，而是有意地将其改造、调整、加工、定制去再现或表述一个浓缩、凝练又典型的"第二自然"。

3. 中国园林种植设计的起源

五千年前，中国文明在黄河流域诞生，并在那以后一直持续不断地发展着。中国园林，作为中国文明的一方面，同样也起源于此。

最早期的中国园林，是由神农在公元前 2800 年将其作为药材种植园而建造的。神农也许不能被看做某个特定的人物，但他肯定是中国游牧民族从放牧转向稳定的农业经济发展时期的代表。一本经典的植物分类词典《神农本草经》（神农对植物的研究记录）的记载始于公元前 2700 多年。[3] 在中国园林的发展过程中，中国的植物种植从最初的以食物（大米、蔬菜、水果等）和药材为目的，渐渐向以美学欣赏为主发展。

1　Hsieh (Xie), *Atlas of China*, pp. 51-54.

2　周维权. 中国古典园林史 [M]. 北京：清华大学出版社，1990：2.

3　Dorothy Grahan, *Chinese Gardens: Gardens of the Contemporary Scene: An Account of Their Design and Symbolism* (New York: Dodd, Mead and Company, Inc., 1938), p. 18.

观赏园林起源于"囿"和"台"。"囿"是专门为皇帝和贵族设立的狩猎场所。"台"是一种由古代皇帝建造的高层露台，象征着天上的山脉和连接神灵的场所。同时，也被用作气象观测和观光。

为什么中国园林的古典种植设计从最开始就朝着自然方向发展，其原因是受到了"天人合一"、正直品德和自然之间的隐喻关联、崇拜神灵等哲学观念的影响。

儒家和道家是中国古代最著名的两个哲学流派。尽管儒家强调的是礼仪、道德准则和严格的阶级社会组织，使得中国古代建筑强调轴向、对称而庄重的布局；但孔子（Confucius）也有他的另一面，他也推动着"天敏琯"（关于命运的理论）的发展，并且认为人不可与天斗。

作为儒家的对手，道家在园林设计上影响更深远。老子（Laotze）主张维持事物的自然进程，认为人类应该尊重自然法则。

孟子（Mencius）结合了孔子和老子关于自然的思想，认为天地法则同时控制着人类社会和自然的发展，人类应尊重自然，因为那是由天地所创。正是因为"天人合一"的思想统治使古代中国人相信，种植和园林的其他要素都是人类建造的第二自然的一部分，应该维持一种"纯粹自然"的状态。

正直品德和自然之间的隐喻关联在春秋时期（公元前770～前481年）非常流行。这也影响了人们从道德观上对自然的看法。通过赋予自然正直品德也把自然拟人化，并形成了尊重自然的观念。"高山流水"成为高尚纯洁品德的象征，山水也成为中国自然风景的象征。因此，中国园林设计强调园林元素的自然形态，如：植栽、山脉、水体等，中国园林种植设计从一开始就发展形成自然风格便也理所当然了。

宇宙神学论在周朝（公元前1046～前771年）末期出现，并成熟于秦朝（公元前221～前206年）和汉朝（公元前206～公元220年），同时作为战国时期（公元前475～公元前221年）百家思想的结晶，也反映这些时代的人们意图逃离现实痛苦的想法。

昆仑神山和东海仙岛的传说是宇宙神学论的两大主要系统。有种说法是昆仑山连接着天庭，有神仙居住在它的顶峰上，而且黄帝的空中花园就建造在昆仑山山坡上。蓬莱、方丈、瀛洲是有神仙居住的三大仙岛，它们在东海上的迷雾中若隐若现。[1]

这些关于仙岛的传说可能是由出现在大海上的海市蜃楼这一自然现象发展而来的，这些幻象至今仍偶尔在中国的东北沿海地区被看见。这就是中国园林设计中"一池三山"格局的起源。从中国造园工匠努力地想将这些仙岛以一种自然风格重现的思路来看，自然而然，种植作为园林的必要元素之一，被认作"自然之物"并且应当浑然天成。

1　周维权.中国古典园林史[M].北京：清华大学出版社，1990：11-16.

4. 中国园林的基本类别和特点及其种植设计

中国园林可以划分为三种类型：私家园林、皇家园林和大型自然山水园林，例如寺庙园林、道观园林、宗祠园林。

私家园林以灵活的布局和宁静的氛围著称。造园工匠也在私人园林中培育大量的植物。

皇家园林在规模上要宏大得多，更加正式和奢华，尽管它们的每一处设计都展现着皇家权威和礼仪，但总的来说还是在自然风格的范畴内。

大型自然山水园林以使用自然风景为背景，周密利用一些人工建筑，例如寺庙、道观、宗祠和亭台楼阁作为点睛之笔而著称。这些园林通常朴实无华，以庭院中珍贵的植物和建筑周围的一些珍稀古木而闻名。这些园林中大部分的植物都是自然生长并且都被人为保护着。

总的来说，中国园林有四大特征：源于自然，高于自然；融合了建筑与自然之美；有诗情画意的意境；暗含美学概念或氛围。[1]

5. 影响中国园林种植设计发展的因素

影响中国园林种植设计和其他方面发展的主要因素有自然环境、经济、社会、政治、哲学和技术。

训练山水画家和造园工匠的两个最基础的方法是研究先人的作品和向大自然学习。奇峰峻岭、老松迎客、怪石嶙峋、川流不息、波光粼粼、浮云雾霭等都是中国风景画中备受欢迎的元素。

几乎所有著名的中国山水画家都足迹遍天下，希望能够把握到自然的精髓。中国绘画与中国园林正是对中国自然景观很好的诠释。植物种类的多样性也是导致中国不同地区种植设计多元化的一个原因。因此，中国自然环境对中国园林的种植设计有着直接的影响。

大部分的中国园林都建立在一个朝代的中后期，这是整个社会经济发展到一定水平的时候。自从家族在中国社会中拥有重要地位之后，大部分的园林都是私家园林。甚至皇家园林也可以看做王族的私人园林。阶级社会的紧迫、宦海生涯的挫败以及从自然中获得满足的渴望，都成为建造私人园林的推动力（其中最著名的是苏州"拙政园"）。这些因素都或多或少地影响着中国园林的种植设计。

植物的种植技术的发展同样也影响着中国园林种植设计。宇宙论的影响早在"中国园林种植设计的起源"一节中就被提及。

1　周维权.中国古典园林史 [M].北京：清华大学出版社，1990：20-23.

6. 发展的阶段

中国园林和种植设计发展可以分为四个阶段：生成时期——汉朝及其之前；过渡时期——三国（公元 220 ~ 280 年）和南北朝时期（公元 420 ~ 589 年）；发展时期——隋朝（公元 581 ~ 618 年）和唐朝（公元 618 ~ 907 年）；成熟时期——从宋朝（公元 960 ~ 1279 年）到清朝（公元 1616 ~ 1911 年）。

在生成时期中（公元 220 年之前），园林发展的主流是皇家园林的进步。私家园林极少出现并且它们中的大多数都模仿皇家园林的模式。这两类园林在设计上没有明显的区别。园林的功能渐渐从狩猎、祭神祈福和农业生产实践转换成享受自然之美，然而植物的培育依旧主要是为了农业生产而不是审美欣赏。用于审美欣赏的植物种类是非常有限的并且植物栽培的技术还在初级水平。[1]

第二个时期的发展是从三国时期到南北朝时期一直变化着，造园的重点从再造自然变成表现自然。园林的一些功能，如狩猎和祭神，逐渐消失，审美欣赏变成了首要功能。艺术创造的成果发展处于胚胎时期，正在酝酿着。寺庙园林出现了，私家园林发展迅速。园林中的植物也开始强调艺术效果。

中国园林和植物设计在隋朝和唐朝达到了全盛时期。皇家园林和私家园林的区别变得明显，一些学者参与了园林的建造，同时诗画都开始影响园林设计。植物栽培技术发展到了一个先进的阶段，并且人们通过植物引进、植物培育、植物嫁接方式培育新的植物品种。他们也发展了花卉和树木的移植技术并且开始强调植物的审美属性。大量的植物种类和品种出现，许多关于植物类别和植物栽培的书出版了。

成熟时期是从宋朝到清朝，园林设计从"写实"到"写意"并且皇家园林开始从私家园林中寻找灵感。植物栽培技术进一步发展并且在过去的基础上得到了系统的传承推广，许多种关于园林的书出版。中国园林和西方园林的交流对话开始于清朝。但是关于园林的理论发展却在清朝停滞，并且园林的技术和手艺回到了纯粹口头传授的阶段。大多数现存的传统中国园林在这个时候被建造。

中国园林和植物设计的发展通过这些标准可以被更好地理解：大体上，园林的规模从大演变到小；园林风景从广阔宏大的观点发展到巧妙独特的观点；创造方式从纯粹"写实"转变成"写实"和"写意"的结合，然后发展成"写意"占主导地位。例如，在秦朝（公元前 221 年至公元前 207 年）和汉朝园林完全是自然景象的再生；从唐朝到清朝小型化景观盛行；清朝中后期，实景部分再生，如假山和流水，被用于激发观察者的想象并且达到"管中窥豹，略见一斑"的效果。

1　周维权.中国古典园林史 [M]. 北京：清华大学出版社，1990：338.

7. 中国园林的分布

　　园林在中国广泛存在，但是它们集中分布区域包括（图 3.2）：西安、洛阳、杭州、苏州、北京、成都、广州、桂林一带。

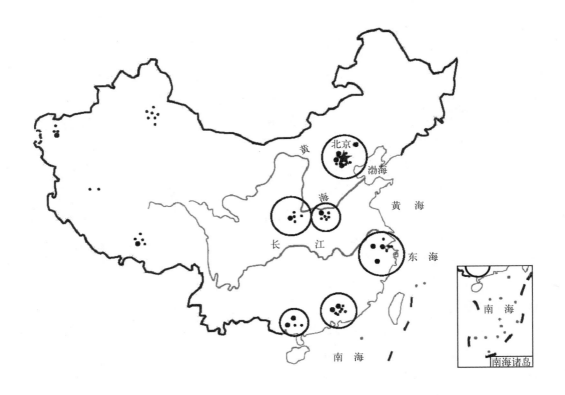

图 3.2　中国园林的分布

　　西安一带是中国古代的政治、经济和文化中心。五个朝代，西周（公元前 1046 ～前771 年）、秦朝、汉朝、隋朝和唐朝的首都都建在那里。这里是中国园林的发源地，早期的中国园林在这里诞生并发展。

　　洛阳是另一个在中国历史上很重要的城市。它拥有中心位置，并且是东汉（公元25 ～ 220 年）、魏国（公元 220 ～ 265 年）、三国时期、晋朝（公元 265 ～ 420 年）的西晋（公元 265 ～ 317 年）等的首都。洛阳气候温暖，许多种类的植物适宜在此生长。隋朝和唐朝的许多有名的园林都建在这里。

　　杭州和苏州在过去几乎没有受到民间战争的影响。这一带的农业和手工业相当发达。商人、贵族和学者都很喜欢在这里居住。这里的自然环境也有一些额外的优势：土壤肥沃、气候温暖、降水充沛并且有很多湖泊河流。所有这些因素都为这一带私家园林的发展优势作出了贡献，尤其是在明朝（公元 1368 ～ 1644 年）和清朝。

在中国北部，园林主要集中在北京和成都。北京已经成为六朝首都，包括明朝和清朝。尽管这里的自然条件并不适宜，许多的皇家园林仍然建在了北京。成都因为出色的自然风光而作为清朝夏季行宫的选址。大多数现存的皇家园林坐落在这个区域。

在中国南部，园林集中在广州和桂林一带的珠江三角洲区域。可能因为广州从明朝开始已经成为通商口岸，这里的园林比其他地区受到外国更多的影响。桂林一带的园林是基本的自然山水园林。

第四章　比较中国园林和日本园林
及其种植设计

1. 历史联系

对于一些西方人，中国园林和日本园林可能看起来一样，事实上，虽然日本园林是从中国起源发展而来的，但是它们也已经适应了日本的气候、地理、历史和文化，并且进化成一种明显具有独特风格的园林。在西方，日本园林相当地有名，相反却很少有人知道中国园林。这是由许多原因所导致的。

其中的一个原因是日本早在1868年就开始明治维新并且对西方开放，然而中国开始改革开放则是在1979年。为了更好地理解中国园林和日本园林的不同点，我们先从两者的共同点开始谈起。

最早的中日交流可追溯到秦朝时期。中国的第一个皇帝秦始皇，统一了全中国。他做了许多规模宏大的事情：修筑并连接了七个诸侯国的防御城墙，即形成长城；建造了阿房宫（最大的宫殿之一，不幸的是它在后来发生的农民起义中被烧毁了）；统一了度量衡；统一了中国的文字；建造了他自己的皇陵。他的陵墓是人类历史上的最大的地下建筑之一。今天，仅仅他的陪葬坑被发掘并且对公众开放，他的主陵目前还没有被发现。在他的陪葬坑里兵马俑雕塑如此栩栩如生、活灵活现，让现今去西安的游客们惊讶无比。

秦始皇也以一池三山的布局建造了自己的皇家园林并且努力寻找仙岛和仙人。他如此享受生活和统治以至于想得到长生不死。为了能寻到仙岛求得长生不老药，他多次亲临中国东海。他派了一个男道士徐福，去寻找长生不老药。徐福知道他可能找不到药，所以他向皇帝要了3000名年轻男人和女人以及许多的供给，包括植物种子。

徐福开始展开旅程并且从此失踪。没有人知道他最后确切去了哪里。一些人猜测他去了东海和朝鲜半岛并且环海旅行到日本。中国和日本的一些当代学者甚至猜测他确实到达了日本并且遇见过那里的当地人。如果之后更多新发现的证据证实这个理论是正确的，这可能将是两国之间第一次交流。

公元552年，佛教经朝鲜传入日本。公元607年，隋朝的隋炀帝正在他的首都洛阳附近建园景花园。这个游园对于日本的景观发展很重要，因为日本大使关于这个花园的报告对日本园林设计产生重大的影响，并且日本的第一次皇家园林设计似乎也是直接起源于它。

推古（Suiko）天皇派遣的日本使者小野妹子（Ono no Imoko），他在洛阳看到的这个美丽的皇家花园使他非常震惊。在那之前，许多日本人已经从朝鲜和僧侣那里了解了一些关于中国和中国产品的事情，但是他们没有亲身真实地看到中国和中国园林艺术。对于日本和朝鲜，佛教已经成为强大的中国艺术和文化的载体。

小野妹子很快又一次回到中国。这一次，他是在一群学者的陪同下。在他结束了中国之旅后，回到日本，创立了插花艺术。在佛教祭台上的插花也是从这里获取灵感的。

在小野妹子中国之旅的四年后，一个脸和身上有白色斑纹的朝鲜工匠来到了日本首都。他的名字叫 Michiko no Takumi，有时候也叫做 Shikomaro，一个丑陋的工匠。

日本人认为他可能有麻风病，于是把他抓到海上的一个岛上并且把他留在那里等死。他告诉日本人他有景观技艺并且对他们的国家有益处。因此，日本人免了他一死并且命令他建造一座桥屋或者带有中国风格的桥。这个命令暗示着已经有尝试去为天皇建造一个"湖中岛"模式的花园。依据现存的证据，这个丑陋的工匠可能为天皇建造了一个"湖中岛"模式的花园。

它成为接下来几百年日本园林的一个基本的典范。[1] 在这些花园中的植栽设计采用自然主义风格。自从小野妹子到访中国之后，日本学生和学者掀起了一场来中国学习中国艺术和文化的持续风暴。他们很像今天的海外留学生和学者，一些中国学者也到日本旅行并进行学术交流，或者搬到日本躲避战争和迫害。他们同时也带去了山水画和技术、雕刻艺术、书法和建筑艺术。

2. 中国园林和日本园林及其种植设计的不同

唐朝（公元 618 ~ 906 年）三百年期间给日本景观和建筑带来了巨大的影响，这些影响至今依然有证可循。在宋朝（公元 960 ~ 1279 年），中国山水画和散文达到了一个新的高度。禅宗僧人把一些画作带到了日本。后来蒙古入侵使得一些好的画作可以在中国普通市集上买到，这些画中有一部分流传到了日本。这些宋朝的优秀的先进艺术启发了日本室町画家。室町画家虽说是在不同的地点和时间内发展的（15 世纪，在宋朝没落之后），但他们还是和宋朝艺术联系紧密。许多早期的室町画家是完全的宋朝风格艺术家。[2]

中国画有两种主要风格："工笔"依照字面意思可译为"细致的笔"，是一种强调描述现实和物体、风景的每一个细节的风格；"写意"依照字面意思可译为"描述意境和感觉"，一种强调描述物体和风景本质和精神以及作者感觉的风格。这种风格的画家追求用最少的

1　Kuck, Loraine E. *The World of Japanese Garden: From Chinese Origins to Modern Landscape Art*. Weatherhill, Inc., 1968. pp. 65-69.

2　Kuck, Loraine E. *The World of Japanese Garedn: From Chinese Origins to Modern Landscape Art*. Weatherhill, Inc., 1968. p. 149.

线条和笔画去抓住事物和风景的精髓。细节不像工笔画那么重要。

很多宋代和室铭时代的景观画都属于"写意"风格。中国和日本的风景画经常是用墨汁画在宣纸和丝绸上的，墨汁依据加入的水量多少能产生许多不同灰度的影，有时候会加入特殊颜色像红色、绿色、蓝色和黄色等。

日本画家和禅宗僧人（他们中很多人也是很有天分的画家）结合了风景画和禅宗创造出一种独特的日本园林风格：禅宗园林。我们可以把它看作用不同材料画出的山水画，比如沙子、石头和植物。洛兰•库克（Loraine Kuck）甚至称之为"画家的园林"。禅宗绘画和园林经常含有禅宗标志：在禅宗绘画中，房子、乡村和小人会经常出现在巨大的悬崖脚下，标志着现实世界中，作者或者禅宗僧人想持续不断地提升自己；渺小的人展示着他们在宇宙中的相对重要性；一座寺院经常出现在背景中，在一块略微高一点的地方；一条通往顶峰的漫长攀爬的道路意味着将会有长久艰难的磨难。

在禅宗园林中，岩石象征着悬崖和山峰，耙过的碎石象征着山谷或者水。石头上的印记代表了朝圣者通向启蒙悬崖或顶峰的路途。禅宗绘画或园林不是一种特殊风景的代表，而是试图推广画家观察到的所有风景的本质和特性，并且把这种观察和感觉传递给他人。

只有有限数量的植物被用在禅宗园林中，大面积的沙子被用于制造枯山水。这种方式被接受并且在日本流行。这可能是因为日本大部分地区有漫长的雨季和充足的水源，枯山水的拥有者知道如果他出门可以很容易找到池塘、小溪或者河流。禅宗创造的枯山水在自然风景中几乎不能见到。它需要精妙的布局，以及很小、很有限的空间，并且对于一个日本人很有吸引力。

从另一方面来看，枯山水在中国从来不曾被考虑，因为中国的许多区域尤其是北方地区，有着持续并且极度的干燥。枯山水估计很难在中国流行起来。

在大约一千年的变革和成熟之后，日本园林最终在足利时期（公元 1336 ～ 1572 年）和德川时期（公元 1603 ～ 1867 年）发展壮大并脱离了中国的影响。因为蒙古的侵略和时代的变迁，中国的绘画和园林风格逐渐改变，并且着重发展其他领域的艺术：明朝建筑、陶瓷和家具等。

蒙古不曾侵略日本。日本的建筑源自唐朝的模式，而不是延续了明朝装饰、复杂的风格。日本的绘画艺术不曾被中断并且延续着他们源自中国宋朝风格而发展。

中国园林和日本园林也沿着不同的方向发展。两种园林风格之间的差异日益明显。日本自从公元 1868 年明治维新以后，许多日本造园师努力加强和西方文化的交流，日本园林艺术已经被流传到世界很多地方，并被世界认识和了解。

尽管中国园林和日本园林形成了截然不同的两种流派，两者之间的交流却从来没有停止过。例如，在明朝末年，计成撰写了《园冶》（见参考书目）。这本书包含很多中国园林的设计原则，但是这本书所有的复制本都在中国当时的战争和蒙古入侵时期损坏或者遗失。

　　最终，这本书的一本复制本（中文印刷）在日本被发现，这本书现在在国内所有再版印刷都是依据在日本发现的那本复制本。《园冶》中描述的许多设计原则比如"借景"、"造景"、"因地制宜"都在中国园林和日本园林中得到应用（见本书稍后详细的阐述）。

　　跟随禅宗文化，茶的爱好从中国传到了日本。日本把品茶发展成了茶道并且创造了独特的日本风格园林：茶庭。茶道是一种经常在室内表演的表现良好修养的礼仪。茶庭是把户外风光引进茶室中。茶树是可以入药的，是一种中国本土特产。茶是从它的树叶中制造出来的一种饮料并且可以导致失眠。茶从很早以前就在中国广为流传。在唐朝，它已经成为一种日常的饮料并且出口日本。在宋朝，佛教僧人在长安用一种喝茶仪式来祭拜佛祖。长安是秦朝和唐朝的首都，现在叫做西安。

　　在日本，一个禅宗僧人，西村（Shuko or Juko，公元 1423 ～ 1502 年）把喝茶发展成一种正规礼仪。这个仪式曾在大阪园林中一栋建筑的后面举行。茶道的基本目的是灌输恭谦有礼的美德。茶道也是朋友聚会的一种方式。茶道自身只是一个媒介，发生在礼仪之后的谈话往往更加重要。

　　不像以前人们要以出家为僧获得清静，现在人们可以从茶道中获得和平和宁静。Rikyu 对于茶道要简单朴素的设想让茶道成为一种平民活动。唐朝的白居易（Po Chu-I）的诗篇在日本非常流行和受欢迎，其中描述的茅草屋顶的简易小屋可能就是茶舍深入人心的形象了。所有茶庭都试着创造一种宁静的乡村氛围和纯净的田园风光。木制品不刷漆并且将木纹展现出来；墙是涂了厚厚的泥但是没有刷白灰的；窗子是用竹子和油纸填上的；篱笆也是用竹子制作的；通往茶室的道路使用天然的石头踏步。

　　茶庭和茶室代表了从外界的日常压力中解脱并回归自然。这种寻求平和和纯净之美的风景曾经一度在中国的诗歌和绘画中流行。今天它们依旧能够在日本茶庭中被发现，但是极少数能出现在中国园林中。现存的中国园林大多数建于明朝和清朝，并且是两种不同的风格。

　　有时候通往茶室的道路分为内外两部分。外部代表着世界之外，内部代表着荒野和自然，从外界世俗的世界中脱离出来的地方。在茶庭中感受到的品质有荒野孤独、宁静、像风化的岩石展示时间的终止、日积月累生长出来的青苔。[1]

　　除了禅园与茶庭以外，中国园林与日本园林还有许多其他的不同：

　　虽然两者都是自然风格的园林，但中国园林通常占据了更大的空间，而日本园林坚持在简洁的空间里达到艺术效果最大化。中国园林的设计强调园内的路径与动态，设计师们力求达到步移景异的效果，因此路径设计是中国园林中不可忽视的一部分。而日本园林，如禅园等，更加强调静景的效果。

1　Kuck, Loraine E. *The World of Japanese Garden: From Chinese Origins to Modern Landscape Art*. Weatherhill, Inc., 1968. pp. 149-201.

图 4.1　日本园林中的一个多层石笼

日本的设计师和工匠们改进了许多独特的小构件，如石灯笼、石盆、佛像雕塑、井、垫脚石和竹篱笆等，并将其广泛地多次运用在花园的设计里面，从而形成了一种图案语言（图 4.1）。这些小构件可能是在其他国家产生的，但日本设计师们把它们发展到了一个更高的阶段。这些构件价格便宜，方便制造和运输，它们非常适合运用在一些小型庭院空间之中，并且产生了一种独一无二的特点和格局。其中，有很多小构件曾经被运用在中国园林中，但它们后来被摒弃了并且很难在现存的中国园林中看见。[1]

在明朝和清朝，中国的园林设计师转变了园林发展方向并且加强了园林设计的其他领域。许多现存的中国园林就是在这两个朝代中建造出来的。中国设计师改进了建造技术和工艺，出现了很多弯曲的屋脊和屋檐，还有许多不同类型的庭院建筑，如廊道、阁楼、亭子、厅室等被广泛地运用，这使得园林空间被很好地整合。

于是，内部空间与外部空间的联系，不同园林空间的序列和关系，成为中国这个朝代园林的设计重点。园林建筑占据空间并且有许多实用功能：供孩童嬉戏的院子，用来接待友人吟诗作对的阁楼和厅室……

园林空间也需要适合不同的地区和气候，例如，中国北方的庭院被设计成较大的"暖院"，使得严冬的阳光可以照射进院内；然而，南方的院子被设计成较小的"冷院"，使得墙体可以遮挡夏日低角度的光照并在院中形成凉快的阴影区。中国南方传统的街道（一些设计师把它们叫做"冷巷"）非常长且狭窄也是出自同样的原因。

同时，园林建筑的细部也发展到了先进的水平，出现了各种的格窗、月亮门、瓶闸等。例如，有许多不同类型的格窗，如扇形的、方形的等。有这么多由格子形成的不同几何图案，它们都可以被收集成一本庞大书籍。

我同时也在想那些带有几何图案花样繁多的格窗，可以运用到改进花坛，并将园林和

1　Tsu, Frances Ya-sing. *Landscape Design in Chinese Gardens*. San Francisco: McGraw-Hill Book Company, 1988. pp. 31-37.

种植设计更紧密地结合在一起。你可以从那些几何形式和图案中找到灵感并用如树篱和彩色的花朵等不同的材料去组合成那些图案而形成不错的效果。

中国庭院的院墙通常被粉刷成白色，使之成为背景去凸显枝叶在阳光或月光下形成的斑驳的阴影。

因为清朝的多位皇帝曾在南巡时看过苏州和其他南方城市中的私家园林并且非常喜欢它们，所以他们将其空间和空间序列照搬入皇家园林，有时甚至扩大它们的面积，但运用了不同的色彩，并且完善和改进它们：清朝时的中国运用在园林和建筑里的颜色受到政府规定的等级制度的严格控制，比如说，只有皇帝的紫禁城中屋顶瓦片的颜色可以采用明黄色，而老百姓用错颜色会被处以死刑。

在日本园林中的建筑是延续并发展了中国唐朝时的风格。在现存的日本园林中仍可以看到许多唐朝风格的影子：近乎直线的屋脊和屋檐、大挑檐、朴素的色彩等。日式园林中也较少地运用建筑元素，许多庭院如枯山水就是被设计成从房子中看出去的景象，庭院不被使用甚至不会踏入其中。

中国的书法被同时运用在中国园林和日本园林的柱子和墙体当中，作为对联或者在横梁和过梁中作为水平的装饰来暗示此处风景的主题，但这被较广泛地运用在中国园林中。

在两种园林中对于园林地面或者说底界面的态度是截然不同的：在日本园林中底界面由园路、沙砾、卵石、踏脚石、草地、苔藓、地被和空地组成，而土壤鲜少暴露出来；而在中国园林中底界面由园路、草地、地被和空地组成，空地大多数运用在北方的园林中，因为那里的气候干燥。园路上有瓦片、砖块和破损的瓷器碎片形成的一些几何图案或者花和动物的形状。

石头均被用在这两种园林当中，但挑选石头和运用石头的方式是不同的：日本园林中选用的石头是比较光滑的，尺寸也比较小。它们是比较坚硬沉重、密度较大的变质岩，如花岗岩和燧岩。一些石头分散在园林里，有的一般掩于地下，有的呈水平或垂直状，并同时伴着沙砾。石头被用来创造一种永恒感，所以上面有越多岁月的痕迹则越好。石群的分类和成分是很重要的。在中国园林中常用粗糙表面的石头作为湖边的石头，它们是沉积岩，表现出被水拍打了多年的形象，用来表达道教所传达的"以柔克刚"的精神。这些石头通常被叠成石壁或者嶙峋状来象征悬崖峭壁、山峰或者遥远的山丘，它们同时与植物组合成为园林里主要的特色。[1]

尽管日本园林和中国园林有许多共同常用的植物种类并具有同样的象征意义，像莲花、樱桃树、梨树和"岁寒三友"（松树、竹子、梅花），但有些植物在两种园林中表示不同的意义：

日本园林中灌木被修剪成球形来凸显主题并维持其被控制的"完美"，而灌木中的花

1　Engle, David H. *Creating a Chinese Garden*. Portland, Oregon: Timber Press, 1986. pp. 19-41

显得不那么重要。植物被作为形式、主体和遮阴，而植物是否开花却是次要的。在禅园中将色彩绝大多数限制在绿色来创造一种协调的气氛，其中乔木常常保持自然的形态。

在中国园林中，乔木和灌木都自然生长来展示它们的线条和色彩。尽管它们会被修剪和整理，其目的还是让它们保持自然的样子。有鲜艳花朵、叶子和果实的灌木和乔木常被运用到园林中，用岩石围合成的不规则的花坛常被种满多彩的多年生植物，如牡丹和秋海棠。

两种园林对于植物都追求营造古老的、奇异的和优雅的感觉。举个例子，比如不对称而舒展的桃树常被用在石壁的边上或者是水体的边上来表现它优美的形态。两种园林使用植物材料是有限制的，但其原因却不尽相同。中国园林主要是因为植物所象征的内容，然而日本园林这样做主要是追求简洁抽象和朴素纯洁的美感，其中植物的象征意义并没有中国园林中那么强调。在中国园林中院墙更高，用来阻隔外界传来的噪声并且防止外面的人看到院内，但日本园林中院墙较矮并被用来阻隔观赏视线以及防止里面的人望出去。

第五章 比较中式园林和英国自然式园林及其种植设计

1. 英国自然式园林的历史发展

自然式园林和种植设计有三种主要流派：英国自然式园林或英国风景园、日本园林和中国园林及其种植设计。我们在前面的章节中比较了中国园林和日本园林及其在种植设计上的区别，那么这一章节让我们来对中式园林和英国自然式园林作一个比较研究。

早期的英国园林与欧洲其他地方和近东地区非常相似，都是比较规整的园林。在 18 世纪时英国景观运动开创了英国自然式园林和其种植设计方法，并快速传播到了整个欧洲。其中，可能有以下几个主要的原因影响了 18 世纪的英国景观运动。

首先，在 17 世纪时，来自荷兰的消息称中国所有的园林包括皇家园林都是以自然式的方法建造的。这个消息改变了许多欧洲设计师的想法和美学观点，并且带来基础概念想法的改变：自然式园林和其种植设计方法一样是可以被接受的并且是美丽的。但是由于交流的困难，具体的设计资料和对于中国园林深入的探讨并不可得，英国的设计师们转向另一个方向，用他们自己的创造力来弥补具体设计的空白。

其次，对于古代希腊和罗马近郊描述的文字和风景画为英国景观运动和种植设计方法的发展提供了蓝图。

再次，过去基督教的圈地运动和对废弃土地的重新开垦为景观运动的开展提供大片的土地，并使新的景观理念成为可能。18 世纪时工业革命首先在英国爆发，并且发展得比其他国家要快速。工业革命给大城市带来城市化人口集中、环境污染等相关问题。

这让许多人怀念以前乡村的生活方式，想念农村的风景。乡下和荒野的风景成为他们所想念和期望的，而景观运动中建立的园林和花园满足了他们的需求。

最后，相较于欧洲其他地方、近东地区和中东地区，英国有温和的气候和较多的降雨，这使得规则式园林及其种植方法所占优势显得不那么重要了，这也更有利于英国的景观设计师发展自然式的园林。

在 17 和 18 世纪，中国文化吸引了许多欧洲人，这个现象叫做"中国风"。除了对于中国丝绸、茶叶、陶瓷、儒家的译本、道教的经典的无尽的需求，许多欧洲人也渴望曲折的河流和小径、优雅的桥、塔、亭子。

当时多数欧洲人对于中国园林的资料都是不成体系或者二手的，欧洲园林设计师有时不得不运用西方的细节和技术去填补他们听到和读到的关于"中国式"的空白。

1655年，一个荷兰出使北京的外交使团发表了一本关于中国园林实例的书籍，这本书后来被翻译成英语。1685年，威廉·滕布（William Temple）先生第一次在他的论文"在伊壁鸠鲁的花园"中提到中国景观设计，其中比较了规则式园林的对称结构和整齐线条与中国园林的不规律形式，他用"sharawadgi"这个没有中文根据的词来形容。值得相信的是许多被用sharawadgi来形容的原型是从神父马国贤（Matteo Ripa）从中国带回的相册中来的。这个相册至今还在大英博物馆中展出。他写道："中国人鄙视这些规则的种植方法……他们运用极其丰富的想象力来造成十分美丽夺目的形象，但是，不是采用那种肤浅的、一眼看穿的规则方法去配置各部分。"

脱离规则式的想法开始形成并且英国景观改革的种子开始萌芽。史蒂夫·施威德（Stephen Switzer）是第一个将滕布的sharawadgi解析并运用到了实际的自然式景观设计中的人。亚历山大·蒲柏（Alevander Pope）也在他的园林设计中运用了中国式思想中的"赏心悦目的复杂性"和"巧妙的荒野"。

1710年，艾世丽·库布（Ashley Cooper）在《道德家》中写道，人们"应该不必再忍耐对于自然式事物的喜爱：既不是艺术，也不是自负的随想破坏了真正的秩序……即使是粗糙的岩石，布满苔藓的洞穴，不规则的未被开发的岩洞和破碎的瀑布，以及一切荒野里草木丛生的坟墓都能更表现自然，比可笑的规则式皇室花园更加表现出壮丽的感觉。"约瑟夫·埃迪森（Joseph Addison）支持库布的观点并且第一次介绍了词语"landskip"，这个词最终进化成了现在仍运用的"landscape"。[1]

威廉·钱伯斯（Williams Chambers）在他年轻时曾到过广州，他在乔治三世（George Ⅲ）时，在墨尔本的园林里设计了一座十层高的中国塔作为标志物，并且在1772年发表了一本有名的书《论东方园林》。1782年，一位英国景观运动的推崇者诺德·麦卡特尼（Lord Macartney）跟随英国官方外交团第一次出使中国，他对他所看见的中国皇家园林充满热情："这里没有美丽的分布，没有优雅的特征，没有想象的传达，那些美化我们英国土地的方式在这里都找不到……"

在17世纪后期，许多英国的访客去到意大利，他们不仅学习了意大利规则式的园林，也欣赏了所有建立在古罗马废墟上的意大利景观。许多有关这些旅行的文章出现，包括理查德·赖斯（Richard Lassels）的《意大利航海记》（*The Voyage of Italy*）。这些文章也成了

1　Loxton, Howard (Editor). *The Garden: A Celebration*. David Bateman Ltd., 1991. pp. 64-65.

英国自然式园林设计的灵感来源。

在 18 世纪早期，英国园林及其种植方式开始从规则式园林发生转变。1719 年，亚历山大•蒲柏在给威尔斯（Wales）王子的信中写道："在设计一个园林时最初和最重要需考虑的就是地方的特征。"他也相信"所有的园林都是风景画……"。这个理论和想法与中国的园林思想一致，但两种园林风格建立在两种不同的文化和不同的绘画风格上。尼古拉斯•普桑（Nicolas Poussin，1594–1665 年）、克洛德•洛兰（Claude Lorrain，1633–1682 年）和萨尔瓦多•罗萨（Salvator Rosa，1615–1673 年）所作的古希腊和古罗马乡村的绘画成为新兴发展起来的英国自然式园林的蓝图。

英国景观运动的发展可以分成几个阶段：

第一个阶段是我们之前讨论的 17 世纪和 18 世纪早期的准备阶段。在这个阶段里，人们的想法和美学观点改变了，自然式园林及其种植方式和英国景观改革开始萌芽。

第二个阶段是从 18 世纪 20 ~ 40 年代的过渡阶段。其中，以查尔斯•布里奇曼（Charles Bridgeman）和威廉•肯特（Willian Kent）为代表，他们是车站画家、室内设计师、建筑设计和景观设计师。亚历山大•蒲柏深刻地影响了肯特。雕塑、亭子、寺庙和其他园林建筑成为他设计园林中的重要部分。

布里奇曼和肯特混合了过去的传统园林和自然园林的元素并将花园的视野延伸到周围的乡村景观。他们"翻过篱笆，将所有的自然视为一个园林。"正如霍勒斯•沃波尔（Horace Walpole）在 1750 ~ 1770 年写的"现代园林"这篇文章中所描述的。

布里奇曼通过哈哈墙的使用将视野延伸至乡野中，通过一个凹陷的地形，收纳挡土墙和沟渠；有时候一个金属护栏会被加在沟的底部（图 5.1）。哈哈墙可以防止鹿和家畜进入园林，同时又不阻挡景观；它在英国自然园林的发展中扮演了重要角色。

哈哈墙在 17 世纪 90 年代由法国的造园师引入英国，它在法国被称为 "ah-ah"。相同的例子至今仍出现在动物园中用于隔离游客与动物。在 1731 年，亚历山大•蒲柏为了纪念布里奇曼而用一首诗歌来总结新自然园林的设计风格。

To build，to plant，whatever you intend…

In all，let Nature never be forgotten…

Consult the Genius of the Place in all；

That tells the Waters or to rice，or fall…

Calls in the Country，catch op'ning glades…

Paints as you plant，and as you work，designs…

第三个阶段是从 18 世纪 50 ~ 80 年代的成熟阶段，这个概念是由万能布朗（Lancelot "Capability" Brown）和他的学徒提出的。草地、树木、天空和平静的水面是他们园林设计中重要的组成部分。在许多人看来，这就是英式园林的风格。

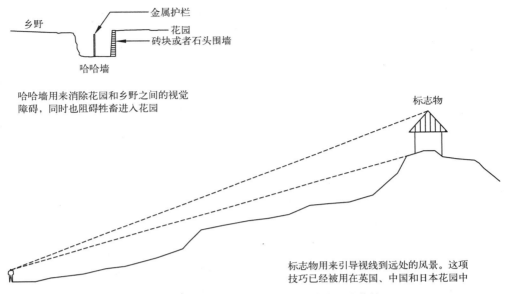

图 5.1 英国自然风格园林和种植设计的一些特性

布朗因为他总在尝试分析场所的才能而得到了这个绰号。他从传统园林中脱离出来，园林不再以同样的方式处理建筑元素。景观与种植设计将乡村带入了房子中。在布朗死后，亨弗里·雷普顿（Humphry Repton）于 1788 ～ 1818 年继续着布朗的努力。但在房子周围重新引入了花卉园林。雷普顿因为他的"红宝书"而出名。他总带着他那本画满场所草图的"红宝书"以便为客户展示。

最后一个阶段是画意风格运动阶段，从 18 世纪 80 年代到 19 世纪 20 年代。这个运动的领袖批评布朗和雷普顿的设计太过温顺。他们将浪漫的荒野看做具有不对称性，包括遥远的山川、奔腾的河水与倒塌的废墟。画意风格运动最基本的特征是粗糙，突然的变化和不规则性，如阿尔瓦托·罗莎（Salvator Rosa，1615–1673 年）的绘画中表现的一样。

许多现存的英国园林都在不同时代的各个阶段被当时的领袖改造过。

当英国景观运动发展成熟的时候，灌木的使用变得更加普遍。这些灌木通常形成像墙一样的蛇形边界。植物被从矮到高排列，草本植物与低矮灌木在前面，高的灌木作为过渡，而更高的观赏乔木作为背景。常绿灌木与落叶灌木常常被混合在一起形成对比。灌木并不会像传统园林那样被修剪成树篱。因为温带气候与植物的实用性，英式园林有时会生长过多种类的植物。

最终，灌木植物在英式风景园林中发展为两种基本模式：第一种模式是"融合"或"普通"的模式。灌木被种成行，形成不同的等级，低矮的被种在前面，而逐渐地将高大的种在后面。有时候多年生植物会被种在前面作为第一个等级。第二个模式是"选择式"或"组团式”的模式。同样的品种会被种在一起形成一种聚集感，以便创造强烈的视觉冲击力。[1]

18 世纪的英格兰充满了关于传统园林与自然风格园林的争论。许多远渡中国的传教士与植物标本采集者证实了甚至在中国的皇家园林也用自然形态的植物装饰，这使得自然主义景观的案例得到充实。

英国的自然主义园林变得越来越受欢迎，最终在 18 世纪的欧洲占据了统治性地位。卡佛特•沃克斯（Calvert Vaux）与奥姆斯特德（Frederick Law Olmsted）设计的纽约中央公园就是这种风格广泛传播的派生物。它受到约瑟夫•帕克斯顿(Joseph Paxton)和爱德华•坎普斯（Edward Kemps）在 1843 年设计的英国伯肯海德公园的启发。

2. 中国园林与英国园林种植设计的对比

现在我们对英国自然式园林与种植设计有了一个基本的了解，我们可以将它与中国自然式园林与种植设计作对比以便对它们有更好的了解。

不管是中国园林还是英国园林都用诗歌、散文和画作来装饰和强调花园与种植设计。亚历山大•蒲柏认为园林应像绘画一样遵循相同的规则，他开始将诗歌和绘画整合进他自己的园林与他的朋友的园林。许多的英国自然风格园林都受到尼古拉斯•普桑（Nicolas Poussin，1594–1665 年），克洛德•洛兰（Claude Lorrain，1600–1682 年）和萨尔瓦托•罗莎（Salvator Rosa，1615–1673 年）的画作所启发。

这与中国唐代诗人与造园师王维（699–759 年）的想法一致。许多中国园林也向中国山水画、诗歌与韵文学习，这已经成为中国园林中的重点部分。在一定程度上，这两种形式的方法学是相通的，但是运用的画作和诗歌的内容与风格则是不同的。

这两种风格都会在园林里直接用一个“词”来表明或暗示这个园林的主题。有时在英式园林里一块刻有诗文的石匾会被用作此功能。在中国园林里，词与书法会被大规模地使用。你可以在几乎所有的中国园林里找到它们。诗歌、韵文与散文的牌匾被挂在园子的墙上，或者是楼阁栏杆上或作为水平的画卷。它们不主要为了装饰，而是表明或暗示主题并且激发游人的想象力。这些“词”为艺术创作与游人对园林的感受作出了很大贡献。

这两种风格都试图在园子里重新创造自然，英国的自然园林更是忠实地再现自然；有时，英国周围的乡村里的英国园林几乎没有什么不同。英国园林的设计强调与周围的自然景观融为一体。

中国早期的“湖中岛”式的园林与晚期园林相比空间格局更大，而且晚期园林很可能更忠实地再现自然。在晚期的中国园林空间逐渐变小，并试图以象征性质来创造并形成一

1　Hobhouse, Penelope. *The Story of Gardening*. DK Publishing, 1st edition, November 1,2002. p. 32. pp. 205-239.

个更精简版的"自然"。它的建造目标是源于自然，高于自然。中国造园师们并不是非常喜欢将自己的园林和周边的真实环境掺杂在一起。他们更喜欢去营造他们感受到的"自然"，这些感受要么通过旅游，要么是从对山水画的观察中得出。他们希望园林能体现那些遥远而又著名的山峦，从而激发当时他们游历这些遥远的山峦时候的相似感受。

两种风格都试图在有限的空间中创造比实际空间更大的园林的假象，但方法是不同的。英国自然园林通过开阔视野实现这一目标：通过使用哈哈墙去除围栏，展现周围的乡村，并把它们引入园林。园林空间往往是一系列绿色的户外植物所围和的"空间"。中国园林则通过藏景或以小见大来实现这一目标：许多这样的中国园林都是都市中的园林。典型的方法是整个花园与嘈杂的城市街道以高大的园林院墙隔开。

中国园林设计师避免将园林一下子全部暴露在视线之下。他们经常通过花园的墙体、园林建筑、假山、植物将花园分成许多不同尺寸的空间，并通过蜿蜒的路径把各个空间组织或者联系在一起。你不会发现在一扇月亮门后藏着什么美景，除非你走到了一座岩石堆积的人造假山的另一侧。它看似是一个非常大的区域，你穿越了许多各种尺寸的不同的空间，但事实上，你仍然走在一个空间非常有限的园林中。

建筑自然过渡到园林中，室内外之间的空间的模糊性是另一种创造更大园林空间错觉的技巧。许多建筑或园林的构筑物，像是楼阁、凉亭和房间都有非常开敞的"端面"，并且在屋顶下面的空间即是"灰色空间"——介乎于室内和室外之间的空间。有时，在面积大的园林里，中国造园师密集种植乔木和灌木掩盖园林围墙，但留出一处观看远处景物如塔或山顶上的凉亭的观景视线来创造一个错觉，让你以为自己身处一个非常大的树林所围合的空间中。两种风格的设计师都非常好地了解了藏和露的原则。例如，"万能布朗"会利用自然生长的植物并组织它们创造一个统一而又富有多样性的场景。他会用林地去展现边界和被遮挡的景色，然后通过在花圃里留白来展现美好的景色。

两种风格都用了园林建筑，但却采用了不同的方式。在英国的自然园林中，雕塑、花园洋房、亭台阁楼、古典建筑散落在由植物组成的绿地中。它们被用作创造质朴的感觉或艺术氛围，建筑则主要用于装饰目的，而不是作为休憩场所。有时，植物成了这些建筑的背景。在一些园林空间中放置了长凳和棚架；一块附有浓密灌木丛和乔木的草坪会被用作一个开放的艺术长廊来展示各式各样的雕塑作品。托马斯•特莱利（Thomas Whately）大概是第一个在他的著作《关于现代园林的观察》（*Observations on Modern Gardening*）（1770年)中提出在园林中放置假山的西方人。总的来说,假山类的装饰在英国园林中是很少见的。

中国园林中，大量地使用了阁楼、凉亭以及小屋。它们经常成群地聚集在一起，并被覆满石子的人行道连接在一起从而形成了一系列园林空间和一种综合功能设施。建筑既有实用的功能也有美学上的价值。它们是为满足园林主人不同需求的不可分割的一部分，比如与朋友聚会、讨论诗歌文学等。在这里雕塑则很少被使用，但假山则得到了广泛的应用。

　　假山的首次应用大概是在建于西汉时期的兔园（公元前202年～公元9年）。随着时间的推移，假山已发展成为中国园林中的一种精妙的艺术。一座奇特的假山会被当做一个标志或一件"抽象雕塑品"进而成为园林空间中的焦点。长凳时常被设计成阁楼和房间的组件，以此来作为客人们的小憩点；它们在景色优美的地方出现的频率更高。

　　一些现代的研究人员通过影像和照片来研究人类的行为，并发现人们喜欢在提供座位的地方停留更长的时间。由此看来，这些中国古典园林的建造者们早在现代的研究和发现出现之前就已将此观察结果付诸实践。这些古典园林原先是作为富有人家的后院或是皇帝的休憩行宫，建筑群体和园林空间紧密结合，同时整个园林也被设计成为一个可满足各式各样的人们需求的，适宜居住的地方。

　　种植设计在中西两种风格中都是十分自然的，但它们却以不同的方式呈现出来。草地被用于中世纪欧洲园林的庭院中。英国的风景设计师则将草地的用途提升到了一个全新的境界。在英式园林中，大块的草地时常主导着整个园林空间，这一点成为英国自然园林的主要特色。这些大块的草坪区域同样有着许多的使用功能：它们能用来举行婚礼、茶话会等。树木被细致地种植在草地上，以形成一种愉悦的辉映。灌木丛的出现则要等到后一阶段的英国景观运动。

　　在许多英式园林中地形以缓缓的斜坡或种满草的山谷的方式呈现。波浪起伏的自然地形是常见的景观。植物的象征意义并不十分突出。在中国的园林中，草坪很少被使用。植物被放置在靠着水墨白墙的地方来勾勒出线条和阴影，或被放置在假山上来表现一种石头与植物的组合，或附着于园林空间内的任何一处。在植物种类的选择中植物的象征意义是十分重要的。地形比较英国园林则更加起伏不平。岩石时常被用于营造人工的山峦和峭壁。阁楼建造在这些人工假山的山顶。通往这些阁楼的道路是非常起伏以及曲折的。两种园林风格都尽量试着减少以直线或几何方式出现的植物配置或园林道路铺设。

　　水的应用在两种园林风格中也十分不同。在英国园林中，小溪流时常被阻截以形成一个或两个大型的湖泊。草地、树木、园林建筑、湖泊以及天空构成了英国园林中最基本的元素。水域的边界便是和缓的草地区域，人们可以踏入这些水域的边界并且在上面活动；相比之下，灌木丛则很少出现在水域的边界。浮游植物或水生植物都很少用于水域的表面。

　　在中国园林中，湖泊或池塘时常出于人工意义而建造，设计者时常想要用狭窄和蜿蜒的溪流去连接大型的湖泊和池塘，以此来凸显出对比的感觉。水域的源头总是被植物或假山掩盖住以表达一种无穷无尽的感觉。荷花及其他水生和浮游植物经常被放置于水面。金鱼也是许多中国园林中的常客。各式各样的小桥横跨于小溪和池塘之间，阁楼则被建造于水的边缘。水域的边界由铺满石子的行道、房屋、阁楼、土壤或假山构成。灌木丛或攀缘植物则时常被用于遮盖池塘边缘的一部分。

　　在英国园林中，寺庙、方尖碑、桥梁、宝塔、岩穴和废墟时常被作为"标志物"来吸引参观者的注意力并引导他们的视线来到深远的、如画般的景色中（见图5.1）。比方说，作为英国景观运动领导者的威廉·肯特（William Kent），他在罗沙姆的牛津郡（Oxfordshire, Rousham）中使用了一个"标志物"。那是一个三重拱门，被放置于一公里外的一座山顶上。

在中国园林中有着许多相似的例子，尽管"标志物"这个名词从未被使用过：中国的设计师经常在遥远的山顶上放置一座宝塔、高塔或阁楼来形成一种"标志物"。比如说，在皇家北海公园内，一座白色的舍利塔被放置于琼岛的顶点处，或许这座白塔就被当作一个"标志物"。在相当长的一段时间内，它也是北京城的最高点。这一景象被呈现于一幅绘于18世纪的，描绘中国皇家船只展示的欧洲油画中。对于那些规模较小的私人园林来说，由于园林面积的局限，有时很难去放置一种"标志物"，此时园林设计师便会尝试使用"借景"的手段，将园林之外的山顶上的一座阁楼或一座宝塔作为"标志物"。有时，山顶上一棵有着奇特形状的树或是一棵悬挂于峭壁上的树也会被当作"标志物"。

第六章 中国园林中自然种植设计的原则、概念和方法的案例分析

1. 植物材料

a. 最常用的植物

根据本书前面我们所提到的实际分类的系统，中国园林中常用的种植材料可以分为以下几种类别：

乔木（群植）：用这种种植手法的树通常出现在皇家园林和寺庙园林。它们可以用来创造一种大气派的空间效果。在分组和定位树的时候，地形地貌将作为重要因素考虑进去（表6.1，所有表格作为附录的一部分被放在本书的最后。这是整本书的一个典型）。

乔木（特殊效果）：那些高度个性化、引人注目的、特征显著的树和那些开花或者有良好的秋天颜色效果、具有香味或果实的树，可作为优型树或在大面积种植中作为焦点植物而被使用（附录2表6.1、表6.2）。

灌木（丛植）：在园林中扮演装饰或兴趣点的角色，它们同时创造了一个树下植物的中间层（附录2表6.1、表6.2）。

灌木（特殊效果）：像上述提及具有特殊效果的树木那样，拥有漂亮花朵和树叶颜色的灌木也可以创造相似的种植效果（附录2表6.1、表6.2）。

灌木（绿篱）：在传统中国园林中，灌木经常作为一种绿篱被使用，这样可以创造一种实体分离但视线却相通的空间。

灌木（边缘）：在中国园林中，在池塘、人行道、假山和建筑物的边缘应用灌木，是非常常见的。

地被：用作小树林或遮阴树下的植被，即使没有充足的阳光也能生长旺盛。它们可能是蕨类植物、草本植物和一些低矮的灌木丛。

藤蔓和攀缘植物：它们被用作覆盖墙体或者作为对岩石、栅栏的遮盖物，又或者是园林景观中的焦点植物。

水生植物和半水生植物：其种类包括浮游植物、水边植物和一些湿生植物。

竹：竹子在中国园林中是一种不可或缺的植物材料，我们将会在第七章详细讨论。

2. 文化影响

　　夜雨芭蕉，似杂鲛人之泣泪；晓风杨柳，若翻蛮女之纤腰。

　　移竹当窗，分梨为院……

　　这些段落取自著名造园家计成在 1631 年写的《园冶》。它表达了人与植物、风、月光，还有其他的一些自然现象的相互作用。这些段落同样反映了中国把植物拟人化和对待植物如朋友的思想。

　　诗歌、散文、绘画及其他的文学形式确实对传统中国种植设计有着重大的影响。首先，在基本思想和创造性方法上，文化对中国园林和种植设计的影响已经被证实。

　　像中国诗歌、散文、绘画那样，中国园林和种植设计也强调艺术概念的创作（概念式的想法，艺术氛围，或者如中文所说的"易经"的思想）。这种思想被认为是最重要的东西并应在写文章或造园实践的时候始终放在第一位。作家、画家或造园师在实际写作、绘画或造园之前，应该有一个深思熟虑的计划。许多有创意的造园和种植设计的方法都直接或间接地从诗歌、散文或者山水画中引入。

　　让我们看看另外一个例子：像前面我们提到的那样，中国是世界上拥有最丰富的植物资源的国家。在 1899 ～ 1911 年间，著名的植物标本采集者欧内斯特·威尔逊（Ernest Wilson）在中国发现并收集了约 5000 个物种，包括来自中国野外的 65000 个样品，其中超过 1000 多个物种在西方栽培。[1]

　　这次的收集大大丰富了西方园林设计者的种植材料，但中国的园林设计者似乎完全没有被这次的发现所影响。他们只是继续发展那些很早就已经被驯养的植物，并且继续爱着那些自从远古时代他们的祖先就已经喜爱的物种。这是为什么？

　　有两个基本原因：（1）15 世纪以来，一直阻碍中国社会发展的保守主义；（2）中国有以特定的植物作为思想象征、情绪状态、意愿、个性和道德品质的表达传统。最新的发现是，植物缺少一种象征性和历史性的联系，而被用于园林中是会被认为缺少价值和舒适性的。

　　中国园林的种植设计与诗歌、散文、绘画有着密切的联系。在某种意义上，诗歌和散文为种植设计提供了创造性的概念和灵感的源泉。山水画常常成为种植设计的蓝图：采用其布局和设计并与传统山水绘画相关联。这种艺术形式的融合（造园、文学和绘画）是中国园林的一个重要特征，特别是种植设计。

a. 植物与意象

　　在中国园林中最常用的植物并不仅仅是一个实体，它们实际上是一种具有内涵并能够

1　Keswick, *The Chinese Garden: History, Art and Architecture*, p. 176.

阐述人们心中的感受和愿望，甚至有时成为其源泉的符号载体。植物可被用作表达人的某种感受、渴望、美德和性格。它们用于创造美学效应和群众交流意图以及设计者的概念。

举个例子，自古以来，桑树就已经被种植，它们的叶子用于喂养吐丝生产丝绸的蚕。可能因为"丝绸"与"相思"有着相同的发音（汉语拼音的"si"），而且桑树又与丝绸有关，所以它们经常被用在诗歌和一些"相思树"或者"爱情树"这类的爱情故事里，以暗示"爱的向往"。在古代《诗经》（或者《诗书》，写于春秋时期，公元前 770～前 481 年）中一个年轻女子希望她的爱人不要在半夜探访的故事里就提到了桑树。

桑之未落，其叶沃若。

于嗟鸠兮，无食桑葚；

于嗟女兮，无与士耽。

士之耽兮，犹可说也；

女之耽兮，不可说也。[1]

另一个在汉语诗歌中经常提到的植物是用来编制篮子和绳子的柳树。它的叶子可以用来泡茶。一些物种的树皮、树叶是减缓痢疾、瘀伤、甲状腺肿大和风湿痛的原材料。佛教同样认为柳树是一种神圣的植物，并用它的枝条来净水。一般来说柳树是近水种植的，而水又常与女人相联系。摇曳的柳树看起来也像舞女的细腰。所有的这些都让柳树贴切地与中国文学中对女性的描述相关联："眉毛如杨柳枝条般苗条漂亮（柳叶眉）"。

春天是欣赏兰花的季节（兰属植物）。兰花被称作"香味的祖先"，它的香味浓而不烈，香而不浊，暗示着可敬的友谊和正直的品质。这种香味并不显著但却萦绕整个房间，一旦香气消失每个人都会感觉得到。一些兰花的品种具有弯曲又对称，像美妙的笔触的叶子；另一些兰花有叶鞘般的叶子，代表着优雅和力量。

牡丹同样也是中国南部一种春天观赏的花，但在夏天，牡丹在中国北部也同样开放。牡丹被称为"花中之王"，它繁盛华丽的花朵代表着高贵、财富、地位、繁荣、荣誉以及美貌的女子。与其他植物不同的是，牡丹最先用于园林仅仅是为了观赏而不是实际用途，即使后来发现它的树皮有药用价值，有调理血液障碍的功能。

牡丹进入中国园林的时间相对比较晚，并没有在《诗经》、《礼记》、《离骚》写于战国时期，公元前 403～前 221 年）中被提及，甚至也没有在汉朝文学中出现过。

牡丹的第一次文学记录是在 4 世纪，一位被玛吉·凯瑟克（Maggie Keswick）称作"中国首位创作山水诗的诗人"的谢灵运的文章中。他所描述的牡丹似乎还是一种野生的花朵。唐朝著名诗人李白第一次描述了园林中的牡丹。牡丹第一次出现在皇家园林，然后开始被种植在私人住宅附近，并且很快就在唐朝首都长安城流行开来。随着洛阳双瓣品种和杂交

1　Trans. by Arthur Waley, *Book of Songs.* (London, First Published in 1937, First Grove Press Edition, 1960), p. 35. Copyright 1996 by Grove Press. Inc. Used by permission of Grove/ Atlantic, Inc.

品种的发展，在公元 684 ~ 705 年间，牡丹的栽培中心渐渐转移到了洛阳。

洛阳每年都在举办万花节，并延续至今。公元 9 世纪早期的一位诗人白居易，描述了这样的一个花节：

贵贱无常价，酬直看花数。

灼灼百朵红，戋戋五束素。

上张幄幕庇，旁织笆篱护。

水洒复泥封，移来色如故。[1]

莲花是一种夏天开花的植物。莲花拥有与其象征性意义一样重要的实际用途和观赏用途。几乎每位受过教育的中国人都会把莲花与 11 世纪著名学者周敦颐所写的"爱莲说"联系起来。即使在现代的中国，所有的高中生都记得：

出淤泥而不染，濯清涟而不妖，中通外直，不蔓不枝，香远益清，亭亭净植，可远观而不可亵玩焉。

因此，莲花常被认为是清廉的象征和出淤泥而不染的象征。

莲花的茎是香脆、多汁而且清甜的，可以生吃或者作为果浆，做汤或炒菜，又或者是切片、腌制、作为甜食均可。莲花的种子同样可以食用而且它的叶子也可以用来包裹食材，做糖浆或者用作调味品。

在中国,莲花被叫做"莲"或者"荷"。"莲"听起来就像"联合"的发音,而"荷"则像"和谐"。因此，莲花与这两种意思都有联系并且经常被认为是友谊、幸福、和睦、和平的象征。它被儒家认为是"君子"的典范,也是道家的象征,同时也是八仙之一的"何仙姑"的徽章。荷花被佛教徒充分使用：它代表着在物质世界中奋斗的灵魂，同时，它绽放的花朵化作佛祖塑像的底座。

在中国园林中，荷花可以形成巨大的季节性的转变。春天，荷花的叶子又细又绿，漂浮在水面之上。当夏日的烈焰来临，这些植物的叶子就会沿着弯曲的茎迅速长高，然后形成一个新的绿色面层，随风摇曳。它们的花朵会飘香万里（图6.1）。当雨滴落到荷花的叶子上时，就会形成一颗颗晶莹剔

图 6.1　风中的荷花: 广州植物园

1　'The Flower Marker' in *Chinese Poems*. Translated ty Arthur Waley, (Unwin Brothers Limited, London, 1962), p. 132.

透的水珠。如果荷花的叶子在风中摇曳，这些水珠就像各种大小的珍珠那样在叶子上来回滚动。当池塘里种着大量的荷花，它们摇曳的叶子和那雨滴形成的舞动的"珍珠"就会成为一道壮观的风景线。

由于前面所提及的原因，荷花在中国园林中广泛地使用着。例如，在拙政园倒影楼和见山楼前的水池中都种植了荷花。

如果说荷花是"夏日之花"，那么菊花就是"秋天之花"。自从菊花被种植，随着时代变迁，它完全地变了样：菊花最早的品种是黄色的，但在唐朝，它的花就出现了紫色的品种。在宋朝，通过杂交和嫁接，发展了越来越多的品种。在12世纪，出现了对菊花的专题著作。在1708年关于花的百科全书里，提及了300种不同的菊花。它们有着与花的形式和颜色相联系的可爱的名字。例如，"翡翠金杯"是一种黄芯大白花；"满天星"就是一种黄头小花品种。

关于不同品种的菊花的展览或展示是经常举办的。甚至到今天，广州的"烈士陵园"每年秋天都会举办一年一次的"菊花展览会"。这场盛宴里展示了数千朵代表数百个品种的菊花。

菊花的花可以用来制作成花茶、谷物或者药物。据说这些植物的精华可以让人们延年益寿。也许是因为菊花开在所有花朵都凋谢（除了梅花）的秋天，它们经常与寿命相联系，被称为"晚香"、"幸存者"还有"抗寒者"。菊花生长在温带地区或者亚热带地区，在中国的南部和北部，它们都是秋天的象征。

b. 植物象征的组合

当严寒的冬天带着寒冷的北风来临时，除了梅花（李亚属），所有的花朵都枯萎并凋谢。松、竹、梅合称为"岁寒三友"。它们象征着困难时期君子间的真正友谊。即使在寒冬，梅花依然开得很茂盛，意味着永不言败的精神，预示着春天的到来。梅、兰、竹、菊合称"四君子"。

一些果树也有象征意义。石榴有包裹着无数颗种子的红色果实。它变成吉利和多产的象征，暗示着繁衍后代。桃子（碧桃）被选作春天、爱情、婚姻和不朽的象征。传说中道教的众女神之王王母娘娘的园子里种着蟠桃。据说这种桃子每三千年才成熟一次，并且吃了它的人都会长生不老。

梨（梨属）虽然同样代表着长寿，但是更为谦逊的一种，因为梨树据说可以活三百岁。自从1053年邵公在梨树下主持正义以来，梨树便也意味着良好的政府管理。枸橼（香橼），也叫"佛手"，是长寿的另一种象征。柿子（柿属）是成熟以后橘黄色的而且吃起来很甜的水果，在中国文化中含有喜庆的意思。

枇杷（枇杷属），其发音就像一种在古旧琴弦上弹拨的中国古典乐器"琵琶"。这种乐器经常出现在诗歌和散文里，故枇杷经常与之联系。这也许就是枇杷反复出现在中国园林特别是文人园林里的原因。芭蕉树（芭蕉属）与一个古代故事有关：一个贫困的学者曾经在芭蕉树宽大的叶子上写下他想要的更好的需求，因此芭蕉树被认为是"提升自我的树"。雨滴落在芭蕉树上那哀伤的声音被音乐、诗歌和散文描绘了一遍又一遍，这也变成了激发一个最喜爱的花园主题的灵感。

过去，植物的使用甚至会与社会等级制度联系起来。例如，根据等级制度，墓地上要种植五棵树：普通老百姓种植杨树、学者种植国槐、官员种植栾树、诸侯种植金钟柏、统治者种植松树。但这些并没有妨碍这些植物出现在美妙的花园里。

其他的一些植物也有它们自己的象征意义。例如，水仙花（水仙属）是指"乘着浪的仙女"；玫瑰（玫瑰属）绽放繁茂，寓意永恒的开放；茶花（茶花属）和映山红（映山红属）充满着野外气息，可以用来装饰园林里的假山（或人造山）。传说中，中国的梧桐树（梧桐属）是凤凰的栖息处。梧桐树的种子不仅可以食用，在中秋节的时候还可以用来做月饼。它不断地出现在中国的山水画中，和老松树一起为私塾提供荫蔽。

18世纪时的诗人袁枚在他的诗中写了一些关于梧桐树的词句：

半明半昧星，三点两点雨。

梧桐知秋来，叶叶自相语。[1]

在小院子里，落叶的中国梧桐树也是首选。在夏日，它的树冠形成了一处荫凉的遮蔽处，在冬天，它可以让阳光透过光秃秃的枝丫渗进院子里。它倒影在地上的影子更让人联想到中国画。它光滑又干净的树皮可以承受人们的重压。就像前面我们提到的袁枚的诗中说的那样，它的大叶子既便于收拾又可以留在园子里供观赏。

外来植物也同样在中国传统园林里使用。它们第一次被引进园林里仅仅是为了满足好奇心。随着时间的变迁，它们中的一些已经渐渐找到了自己的象征意义并且在中国园林里确立了自己的地位。

在过去的几个世纪里，西方的文化被吸收，被引进，给中国园林中的一些植物赋予了一些新的象征意义，就像玫瑰代表爱情，山茶花暗喻美丽的女子等。

根据以上的讨论，我们能发现，对某一种植物的理解，往往来源于它优雅的形状和生活习性，或者是它的音译，或者是一个传说，又或是一个典故，也可能是某种文字性的引用，再或者是其他历史方面的联系。植物被谨慎地挑选出来，参照它的传统意义，用它来作为主题。有些时候，一种植物会成为整个园林场景的主题。

园林景观或者园林建筑经常以植物的名字来命名，例如拙政园中的海棠春坞、枇杷园、玉兰堂、波形廊、松风水阁、荷风四面亭、远香堂，以及留听阁和听雨轩这两个名字都取

1　Trans. by Robert Kotewall and Norman L. Smith in *The Penguin Book of Chinese Verse*. (Penguin Books Inc., 375 Hudson St, New York, NY10014), 1962. p. 68. Reproduced by permission of Penguin Books Ltd.

自诗人李商隐的诗"留得残荷听雨声"。

一种植物若没有历史方面的渊源或者传统的象征意义，尽管它拥有优美的形态和讨人喜欢的颜色，也不过是个物种而已。植物的象征意义要比物种本身重要许多。在中国园林中植物也转化为一个重要的因素。

一个园林带给人们的乐趣，往往来自夏天里一条小溪带给人们的清新凉爽的感觉，来自夜雾中远处水中跳起的一条小鱼发出的声音，来自冬天里树枝上飘落的雪花，来自荷花或者其他花散发的清香，来自时间和空间不朽的转化，来自树上响亮的蝉的歌声和寂静树林对比产生的魅力，来自沙沙的微风声增强的寂静感。

3. 美学的因素

a. 一个重要的美学概念：意境

在讨论和分析中国种植设计的美学因素之前，我们需要解释一下"意境"，因为它是中国所有的艺术创造和欣赏的最重要的美学概念。如果一个人不懂得意境为何物，他就很难理解中国园林，也很难理解中国植物的种植设计。意境这个词在以下的讨论中会一次又一次地出现，原因就是我们需要在这里尽可能地把它解释清楚。

意境在中文词句里是可以理解的，但是却很难解释清楚，尤其对于不是以中文为母语的人们。意境在汉英词典里的普遍解释是：艺术构思，这只能包含意境的一小部分意思，距离全部的意思还差很多。让我们试着更充分地解释它。意境是由"意"和"境"两个中文字组成，它们都是第四声（中文有四种声调），"意"代表着概念、意义、感觉、意思、意图、愿望、意志、描绘、暗示和建议等，"境"代表着领域、区域、环境、状况、局面和范围等，我们可以把它总结为客观的生活、风景和处境。意境产生于主观的"意"和客观的"境"的组合的艺术创造。设计者熔炼他的主意、想法和情感，结合客观生活、风景和处境，用以激发类似令人感动的、令人激动的主意、想法和观察思想的联系。

意境的概念出现在很久以前，但是理论上的解释却出现得较晚。在唐朝，诗人王昌龄用"三境"的理论来评价诗意：那些描绘山和水的形式属于客观领域，那些借助描绘山水景色来表现作者情感的形式属于精神领域，那些印证作者抱负的形式属于意境。

在当代，王国维提出两种境界："有我之境"和"无我之境"。"有我之境"是指用我自己的观点描述客观的景色，因此整个景色便带有了"我"的情绪色彩；"无我之境"是指通过客观世界的观点来描述我自己。事实上，分辨哪一部分是"我"，哪一部分是"客观世界"是很难的。

这些理论是有关诗意的，但是对于中国园林和植物种植来说也是正确适用的，这两个被王国维提到的境界，同精神领域和意境，一起被王昌龄定义为：它们都产生于客观世界和主观的思想及想法。所以，它们都是属于中国艺术里的意境。

意境是一个评论中国的种植设计和其他艺术的基本标准。一个好的艺术作品应该有它的意境，一个卓越的艺术品应该有更高层次的意境，由于意境的帮助，一个身处园林中的观察者可以感觉到的不仅仅是他的双眼看到的景色，还包括他脑海里的超越客观景物的景色。他获得的不仅仅是通过感觉器官的美学享受，还有连续不断的振奋人心的感觉和同理智思考一样的或者超越景色本身的意义。

在中国园林和种植设计中非常独特的手法是在园林景观中使用对联或诗句。对联都是成对出现的，押韵且对仗工整。它们经常被雕刻在石头上、木头上和竹子上，用来点出意境或者景观的主题。

在拙政园（图6.2）的雪香云蔚亭上，一副对联被雕刻在竹片上，挂在亭子两边的柱子上。右边的对联写道：蝉噪林愈静；左边的对联写道：鸟鸣山更幽。头顶上的牌匾上写着：雪香云蔚亭。在这里园林被看做一副三维空间的绘画作品。对联点出了意境和设计的主题。我们可以在拙政园中发现更多的例子，园中有一口古井井栏所镌"玉泉"二字及文徵明咏拙政园诗，这句诗吸引来很多的游客来参观这个井。与谁同坐轩的名字来源于一句很有名的古词：与谁同坐？清风、明月和我。"与谁同坐轩"被刻在横轴上并被挂在亭子里。在这些例子里，文化被直接转化为园林的场景和变化成设计的主题（图6.3）。

图6.2 拙政园的雪香云蔚亭（向北望）

图 6.3　与谁同坐轩

b. "天工造物"与"因地制宜"

我们需要解释的另一个重要的美学原理是：一个中国园林和它的设计应该是"虽由人作，宛自天开"，一个优秀的造园师应该具有根据时间、空间、独特的环境，独创性地利用场地优势和因借外部景观的能力，并且精于选择合宜的尺度和形式。在拙政园植物被精心地安排让视线可以到达园外的北塔寺。这是个说明借景的很好的例子，这里借的景是在拙政园的用地红线以外的北塔寺（图 6.4）。

图 6.4　拙政园里的借景和利用植物香气的场景

c. 古典、奇妙和优雅

充分利用场地内的现存古树也是对因地制宜原则的应用，这也是因为"古典、奇妙和优雅"被人们认作是判别古树美学特征的内容。一些中国的古园林有着一些百年甚至千年以上树龄的古树，它们不被认为是建造一个新园林或是重建一个旧园林的障碍，而是作为一个宝物来发挥巨大的作用。假山池塘和建筑按照古树的位置、大小、形态和习性因素被精巧地设计和组合在一起，例如狮子林中部的银杏古树和拙政园中部的几棵枫树。

d. 强调五感的设计：创造声音的效应

中国园林和种植设计不单单是视觉的艺术，它们也包括听觉、触觉、嗅觉等。除此之外，季节和天气的变化（春、夏、秋、冬、雨、雪、阴、晴）也能够改变空间的意境并深深地影响人们的感觉。所有这些因素以植物的媒介间接地影响着园林。例如，在苏州的一些古典园林里利用自然的风和雨的声音去创造无穷的变化、不稳定的空间感觉和独特的风格。在拙政园里，"听松风处"的名字来源于风吹松树的声音，营造了宁静的空间感觉。听雨轩和留听阁的名字来自雨打在芭蕉叶上的意境。几棵芭蕉树种在听雨轩的后面，通过画室的窗户给人以很深刻的印象，特别是春雨来临之时。同样的做法也被应用在沧浪亭中。

e. 利用植物的颜色和气味

除了利用风和雨拍打在古松、芭蕉树和荷叶上的声效带给人们不同的艺术感受之外，造园者通常利用植物的颜色和味道来表达他们的想法。在文人的园林里，一个读书、修身养性的地方，通常以常青树作为背景，少量鲜艳的花朵被用作装饰，都是为了创造一个平静的氛围。

白墙灰瓦作为白纸，古树（松树、芭蕉、梅花、兰花）和怪石作为笔，它们一起共同创造了一个优雅的园林场景，一幅三维的中国风景画。

避暑山庄"金莲映日"的景象和拙政园的枇杷园里，造园者也用植物的颜色来影响着别人的感觉。

金莲映日位于如意岛的西边，数千荷花在那里种植，当太阳照下来时它们看起来非常美丽，像是被镀了一层金箔。

枇杷园位于拙政园的东南部，许多枇杷树种植在园里，果实有着金黄的颜色，当果实成熟时这种金黄遍布满园，因此这个园被叫做"金果园"。

还有很多案例是运用了植物的气味。植物的芳香能使人的身体和精神放松，就好像置身于乡间一样。

在位于留园的桂香园之中，桂树随处可见。在开花的季节，花香扑鼻，营造出一种优雅的意境。

在拙政园中央的莲花池直面着远香堂。在夏天到来，莲花盛开的时候，莲花清淡的香气随着微风飘散到堂内和院内的各个角落。远香堂的名字就出自于此。

待霜亭和雪香云蔚亭位于拙政园的一座小山丘之上。几棵高大的乔木和梅种植在亭子的周围。当严冬来临时，这些不畏严寒的植物就会开花。梅花的香气和预示着丰年的瑞雪让亭子成了绝佳的赏冬景的地方。

f. 强调线条的美感

植物本身就蕴涵着自然的线条美感：它们或硬朗或柔和，或浑厚或纤细，或曲折或笔直。中国艺术注重对线条的运用，所以中国的种植设计也不能脱离这些准则：植物的美感是由它们所蕴涵的线条的美感所决定的。

在种植植物时有很多的运用线条的原则都借鉴于中国的园林设计。比如，梅树要根据它的枝条的线条的美感进行选择，漂亮的梅树枝干应该是曲折的。如果一棵梅树是直的，那这棵梅树的外观就不太好了。梅树的美感来自弯曲，如果它是笔直的，那它就不能作为风景。它的叶子应该是比较稀疏的，如果过于茂盛，那它就失去美感。[1]

g. 光和影

不同的光能产生不同的效果。在中国古典园林中，植物以及其他的园林要素和自然光线一起营造光明与黑暗，光与影等的对比。这些对比融合了空间的收放对比，强化了环境的氛围。比如，在留园的古木交柯之中，一棵非常古老的松树屹立在一块很小的场地中。这棵松树和其他植物所形成的影子与白墙形成强烈的对比，在墙上创造出了一幅雅致的画卷。

通过利用这些植物的物理性质，造园者们可以营造出一种独特的意境。比如说竹子，如果在院中能适当地种植竹子，那么在太阳升起时，我们就会有清凉的影子；当月亮升起时，我们就有清晰的影子；当微风拂来时，我们就会有清新的声响；当下雨时，我们就会有清晰而美妙的韵律；当露珠凝结时，我们就会有晶莹的闪光；当大雪落下时，我们就有明媚的雪光。[2]这些意境都注重于关于"清澈"的美学领悟，并且都非常雅致。在狮子林的北廊，大量的竹子种在廊子四周，廊子本身都是竹子做的。这个技法同样创造了一种非常独特的意境。

h. 转化

中国园林的设计者充分意识到改变是时常会发生和持续的，而"永恒"和"稳定"只是自然的一瞬。因此，他们并不打算种植大量的在春天开花的植物。相反地，他们利用植

1　Baihua Zhong et al., *A General View of Chinese Garden Art* (Jianshu Province: The People's Press of Jianshu, 1987), p. 247.

2　同上。

物的不同特性去创造不同季节的景象。

植物被看作展示季节变换的媒介。比如，扬州的个园就以它表现四季的假山而闻名。这四座假山的意象也与植物的运用息息相关。在园林的入口，湖石沿着道路铺设，竹子点缀其间。成片的常绿的桂树种植在另外一边。竹子与桂树的绿色象征了春天。

在园林门口的一个水平展开的平面上有书法作品，我们在上面可以找到个园的中国汉字。个园的"个"与竹子的三瓣叶子很相似，赋予了这个园林更深一层的象征意义：在中国山水画中，画竹子叶子的方法就是求写数个"个"字，就是"个"字的重复和重叠。在中国山水画之中又称为个字的诀窍。

经过春山的时候，绕道经过桂堂，人们可以看到另外一个面对着水面的假山。一股清流从"山谷"中流出。茂盛的乔木种植在假山的顶端。半山腰上种植着悬挂的藤蔓植物。清澈的池子中间荷花盛开着并映射着阳光。所有这些意象都形成了夏山的意境。

高而陡的假山统治着秋山。在这里的植物主要是枫树，用来营造秋天的气氛。

在冬山上，运用了圆形的雪白的石头，人行道同样是运用了白色的石头。种植李树和南天竹点缀此景，营造冬山的意境。

在园子里，相对于跟随季节和岁月变化的植物来说，园林建筑、假山还有平静的水面是相对稳定的元素。季节的变换和植物的生长带来的不仅是园子里季相的变化，而且是随着时间不同，空间比例和尺度的变化，还使得静态的建筑环境更富有变化和季节性。

i. 种植的方式：有序与无序

通常来说，中国的园林种植总是追求自然的形式设计并且避免秩序感。园林设计者研究自然并且试着在种植设计中通过设置对比去重现或者再造自然：通过疏朗和茂密的植物的对比，大树和小树的对比，高和矮的对比。他们试着去达到这样的目标：即使这些植物是人工种植的，它们看上去好像还是和在自然状态下一样。

留园的西北区域就是这样的一个例子。相似的情况，留园的月洞门附近种植着几棵竹子，它们就好像自然生长在那个区域一样，看不出人工的痕迹（图6.5）。

在特殊的情况下，为了与环境达到和谐，树木可以以整齐的方式种植，就像承德避暑山庄的前院的行道树。

图 6.5　被自然地种植在留园月洞门附近的竹子

根据不同的场地和环境，树在中国园林之中可以按下列方式种植：孤植，丛植，列植，大规模种植和人工树林。

j. 孤植

孤植的树木可以用作以下目的：①作为园林景观中的焦点；②遮挡园林的建筑；③装饰园林空间；④创造树荫；⑤作为园林空间转换的节点，比如：桥的尽头、园林小径的开端、水池边缘的转角处，同样是作为园林景观的陪衬物或者是焦点。如果一棵树位于一个相对来说比较开阔和大的空间，那么设计者的意图就是想展示这棵树整体的美，因而应该考虑合适的观赏距离。理想的观赏距离应该是树的高度的四倍到十倍距离的范围之内。[1]

孤植能充分表达树的颜色、气味或者形态等，也同样可以运用在近距离观赏的小空间之中或者作为庭院的主题。孤植的树应该避免出现在庭院的中央并且应该靠近角落。它的高度和叶子的密度应该与庭院的大小相匹配。

比如，在网师园，一棵树被单独种植在寒春亭后面庭院的一个角落里。几颗湖石散落在树的周围，形成了一个独特的园林景观（图 6.6）。在网师园的另外的一个角落里，一棵孤植的松树运用了同样的手法。

在留园的古木交柯处，庭院很小而且呈"L"形。在庭院的东南角，有一棵老杉树。它的枝条已经干枯了，但是依旧苍劲有力且具有历史价值。这个庭院的主题"古木交柯"就得名于此。北海公园画舫斋的古杉树是个相似的例子。顾名思义，这片庭院的主题就是那棵种在西南角的古杉树。它没有茂盛的枝叶，但是有干枯遒劲的树枝。留园的石林院非常小但是非常特别。那里种着夹竹桃和阔叶的绣球花。这些植物为庭院提供了树荫的同时也装点了庭院空间。

图 6.6　被种植在网师园内寒春亭后面庭院的一个
角落里的孤植树

1　孙筱祥. 园林艺术及园林设计 [M]. 北京：北京林业大学园林学院，1986：107.

图 6.7 环秀山庄人造假山峭壁上的紫薇

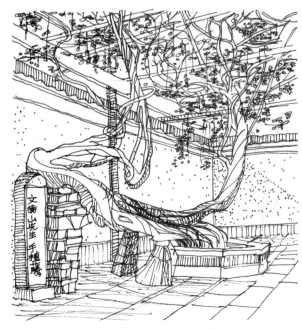

图 6.8 拙政园里的中国紫藤

拙政园的海棠春坞种着竹子和秋海棠，而秋海棠是主要的观赏植物。一棵高大的榆树被种在院子的东南角作为景观的点缀。园林设计者们有时候会充分利用树木弯曲的枝条和茂盛的树叶，把它们种植在悬壁或者说假山上来掩饰峭壁的危险感（图 6.7）。孤植的树木还可以设置在水池的边缘，这样就可以在水面上创造富有生机的倒影。孤植的手法同样适用于藤蔓植物（图 6.8）。有时候孤植的树木还可以作为小树丛或者人工树林周边的点缀，作为景观转换的过渡元素，或者打破由单个物种组成的小树林的单调感并且丰富观景的感受（图6.9）。

孤植就是要表现单棵树木的美，而丛植、群植、列植和人工树林表现的是一整片树木整体的美感。孤植的树木通常占据了构图中的突出位置，因此，它应该具有出众且独特的美。

明代画家龚贤说过：一棵孤植的树木应该有散开的伞盖并且它的大多数树枝应该向下生长，它的形态应该是独特的。[1] 一个孤植的松树应该是与众不同的，但是群植松树不应该具有太多的不同。[2]

龚贤认为从画画的角度来说，一棵孤植的树应该有出众的形态。一棵有散开树冠的树相对来说比较适合作为孤植

---

1 Xian Gong et al., *The Theory of (Chinese) Landscape Painting*. (Taibei, Taiwan: Art book Publishing Company, 1975), p. 205.
2 Gong, *The Theory of (Chinese) Landscape Painting*, p. 219.

的树木。

　　这些画理同样适用于在造园时挑选适合的孤植植物品种和形态。园林中的孤植树木应该具有突出且奇特的形态和姿态。一棵没有散开树冠的树不适合作为孤植的树木。孤植树木最重要的美学特性就是它的体态、姿态和形态。

　　一棵树木只要拥有一项或者多项这样的特性就适合作为孤植的树木：①一棵有非常大体量的树。比方说细叶榕、樟树、二球悬铃木、槲树，这些树有非常大的散开的树冠和粗大树干。它们显得很雄伟和繁茂。②一棵拥有富于变化的轮廓，雅致和漂亮的形态和姿态，枝条的线条让人愉悦的树。比如说鸡爪槭、桦树、

图 6.9　在留园北部的木兰

圆柏、油松等。③一棵拥有繁茂的花朵和迷人色彩的树。比如说凤凰木、木棉、白玉兰、梅花等。④一棵有浓烈香气或者果实累累的树，或者有秋色叶的树。比如说桂树、荔枝树、枫香、乌桕、银杏、元宝枫等。

　　一棵树如果孤植是为了提供树荫的话，那么这棵树应该有散开的树冠并且长得比较快。一棵形状是圆柱形或者圆锥形的树木不适合作为提供树荫的孤植树木。孤植的树木不应该位于园林的几何中心，它应该位于园林的自然中心，去平衡其他的园林要素或者与其他园林要素的对应。孤植的树可以种在河流、湖泊、水池等水面的边缘，这样就可以利用水面作为背景，人们就可以在它的树荫下远眺。孤植的树还可以种在高地或者假山上，这样就可以丰富园林景观的轮廓。

　　本土性是选择孤植树木的一项重要因素。如果我们不用本土的物种，我们也许就不能够得到我们想要的那种巨大的发散状的树冠。比如杨树在中国的东北地区可以有我们想要的树冠，但是在北京它的树冠却不是我们想要的样子，在中国的东部地区它甚至会长成灌木。梧桐在中国的东部会长得很高大甚至会有一个半径达 90 英尺的树冠，但是如果种在北京的话就只会长成一株小树，如果你把它种在更加寒冷的地区，比如沈阳，它就只长成灌木的大小。

　　孤植的树木在园林中不应该是单独存在的，它应该和园林中的其他景观融为一体。它可以是周围景观的陪衬或者是焦点；它也可以是丛植树木、密集的树林或者灌木丛向其他景观过渡的形式。

一棵孤植树是一株孤立种植植物，因此那些需要高湿度或者温暖的小环境的树木并不适合用作孤植。例如，落叶松、红松是阴性植物并且需要较高的空气湿度。如果把它们用作孤植，它们不可能成长得很好甚至不能存活。这些种类的植物需要在具有较高湿度以及荫蔽的森林环境下生长。

当我们为花园设计孤植树的时候，我们应当先充分利用生长在场地上的老树。如果场地上有一棵上百年树龄的大树，我们应该利用这一有利的自然条件对花园各元素进行组织，并且将场地现存的大树作为花园中的孤植树。这是对场地最好的利用方式，并且可以为我们节省出大量的时间来完成其艺术性的效果。

如果场地内没有老树可以利用，我们可以保存一棵中等年纪的树（10～20年）并且把它作为场景中单独的树。相比种植一些新的树木，它仍然可以帮助我们更快地达到所预期的效果。如果场地上没有现状树木，我们可以移植一棵大树到场地上，这是最后一个方法。

如果因为经济上的原因无法完成移植，我们可以采用两种孤植计划：短期见效的孤植和长期见效的孤植。对于短期见效的孤植使用长势较快的植物，例如：合欢属的南洋楹和合欢属的白格；对于长期见效的孤植计划，我们可以先种植3～5棵树作为一组，并运用它们作为灌木或者小树木在群体中种植。随着时间的流逝，我们可以保存群体中长得最好的那棵并且用它来作为孤植树，然后把其他的树移出场地。

k. 丛植

丛植一般来说由2到9或10棵树组成，如果包含灌木，总共的数量可以达到15棵左右。一方面，丛植的种植形式强调统一的本质，设计师应该考虑其整体美。

另一方面，设计师也应该在统一的构成里注意表达每一株植物的个体美。丛植不同于大面积种植：

第一，相比大面积种植，丛植由较少数量的植株构成。

第二，在大面积种植的设计中，整体美是大面积种植最主要的考虑因素：设计师没有必要表达出每一株植物的个体美。在丛植中，每一株植物个体美和整体美都需要被表现出来。因此，作为丛植的植物应该具有一些诸如形状、颜色、气味或者开花等方面的特点。

丛植有两个基本的功能：（1）作为园林建筑的背景；（2）装饰园林空间。

在第一种情况下，园林建筑是空间主体或者中心。植物应该围绕它来种植，并且它们应该与建筑保持不同的距离。植物的布局应该维持均衡，但是应该避免严格的对称。例如，在拙政园的雪香云蔚亭，那里有一些高大的树木包围着楼阁，其中一些远离楼阁，一些又靠得很近。它们不是对称的布局，但是它们的尺寸、距离和位置都经过仔细考量，它们之间维持匀称的平衡。在苏州的沧浪亭，那里有六棵主要的树木围绕着亭，而且树木维持着非对称的平衡。

　　拙政园的绣绮亭位于一座人造假山上面，围绕着它的五棵树是这样安排的：较小的一棵种植在离阁楼较远的地方，较大的那些种在离阁楼较近的地方，以便于维持一种非对称的平衡。如果你画一条线连接任意两株植物，这些线的焦点位置就是阁楼的位置。这也大约是这些元素构成重心的位置。

　　如果丛植被用来装饰园林空间，树木可以成为一个园林场景的焦点。在丛植中，设计师可以运用相同种类的树木，或者根据不同情况使用不同种类的树木。如果丛植的目的是为了提供荫凉，那么高大并且树冠伸展的树木会很合适，最好它们是同种的树木。如果丛植中的植物是被用作欣赏，那它们可以是乔木和灌木的组合。它们可以种在山顶，或者在一片批准使用的土地上。它们也可以结合假山来进行种植。

　　现在我们将要讨论一下丛植的种类：两棵树组合、三棵树组合、四棵树组合、五棵树组合以及六棵树组合或者更多。

I. 两棵树组合

　　两棵树组合应该遵从对立统一的原则：两棵树应该互相协调，但是它们也应该互相对比。

　　种植两棵差别很大的树将会失败。例如，如果一棵乔木和一棵灌木，或者一棵垂柳和一棵柏树种在一起，美学效果不会太好，因为两棵树完全不一样。因此，我们必须确保两棵树彼此协调，然后考虑它们之间的对比。如果两棵同种类的植物种在一起将很容易达到协调，但是如果它们在尺寸和形状都非常相似，效果将会非常呆板。

　　因此，两科同种类的树应该具有不同的姿态，形状或者尺寸，这样才可以保证它们生动地结合在一起。明代画家龚贤，对如下的情况写了很多深刻的评论：当两棵树丛植在一起，如果一棵树有暴露了的根，另一棵应该有隐蔽的根。

　　如果一棵树被种植在较高的地面，另一棵应该种在相对较低的地方。如果一棵树有相对笔直的树干，另一棵应该有相对弯曲的树干。如果一棵树有向上的分枝，另一棵树应该有向下的分枝。如果一棵树有平坦的顶部轮廓，另一棵应该有变化剧烈的轮廓。在两棵树结合的类型中，它们的分枝应该有一些对比。它们的顶部应该面向外面然而它们应该通过分枝产生一些联系。[1] 相同的原则也适用于多棵树结合的类型。

　　这些是中国风景绘画中画树的要点，但它们对中国传统园林和种植设计有着非常强烈的影响。在一个群组中，两棵树的理想距离应该接近两棵树中其中一棵的树冠半径，以至于他们能够形成一个统一的整体。

　　在特殊的情况下，两棵树的距离可以更大一些。例如，拙政园的玉兰堂的场地上有两棵树，一棵大的和一棵小的，大的那棵是白玉兰，作为场地中主要欣赏的对象，小的那棵

1　Gong, *The Theory of (Chinese) Landscape Painting*, p. 205. p. 216.

是桂花，作为一个陪衬的角色。两棵树的距离比其中那棵较小树冠的半径要大，但是它们仍然可以形成统一，因为它们位于同样的被高墙围绕的小场地之中。因此，它们被认为是一个群体中的两棵树而非两棵单独种植植物。

从这个例子中，我们仍然可以发现如果两棵树被种在庭院里，它们应该具有不同的尺寸，而且它们应该各自占领一个角落位置，并且它们不是对称布局。狮子林的古五松园是另一个例子。

m. 三棵树组合

如果三棵树是同一种类的，或者有两个种类但是外观很相似，它们的组合会很和谐。这两个种类都应该要么是常绿的，要么是落叶类的，要么是乔木类的，要么是灌木类的。这三棵群组里面的树不应该是三种不同的种类，除非不同种类有相似的外观。

龚贤在描述他三棵树的群组画的文章中写道：在三棵树结合的类型里，一棵树可以成为"主人"，另外两棵成为"客人"。在"主人"树与"客人"树之间应该有差别。如果"主人"有扭曲的树干向下生长，那么两个"客人"应该有相对笔直的树干并且向上生长，反之亦然。如果"主人"有暴露的树根，那么两个"客人"应该有隐蔽的树根，反之亦然。当"主人"有不同的分枝时，两个"客人"应该有相似的分枝。"主人"应该有较低的树根并且更加靠近观察者。两个"客人"应该互相靠近而"主人"应该远离它们。三棵树之间的距离都不应该太远以免产生疏离感。[1]

当三棵树丛植时，它们应该在尺寸、姿态以及形状上有对立与区别。下列的情况应该避免：

三棵树沿着一条直线种植，三棵树形成一个等边三角形，三棵树是相同的种类而且具有相似的尺寸、姿态和形状。

大的那一棵形成一个小群，中等大的和小的那棵形成另一个小群；两个小群具有几乎相同的比重，而且形成呆板的平衡；三棵树有两个不同的种类，大的那一棵和小的那一棵是同一个种类而且形成一个小群，中等的那一棵是另一个种类而且形成另一个小群。

两个小群由不同种类以及尺寸的树木组成，而且几乎没有相似点；三棵树有两个种类，小的那棵和中等大小的那棵是同一个种类并且形成一个小群，第三棵是另一个种类而且形成另一个小群。两个小群构成死板的平衡而且彼此孤立。

以下是在三棵树组合类型中形成对立统一的一些方法：

三棵树是同一个种类，较大的一棵和较小的一棵构成一个小群，中间的那一棵稍微远离前面那两棵而且形成另一个小群。

1　Gong, *The Theory of (Chinese) Landscape Painting*, pp. 205-206. p. 216.

三棵树不是沿一条直线种植的，而且它们的形状构成一个不等边三角形。两个小群由相同的种类组成（图6.10）。

三棵树有两个不同种类（两株桂花和一株紫薇）：第一个群由大的那棵（桂花）和小的那棵（紫薇）形成，另一个小群由另一株桂花形成。两个小群都有桂花，但是第二个小群没有紫薇。因此，两个小群都有相似处以及差别，而且形成一个对立统一的整体。

主人（中等尺寸）

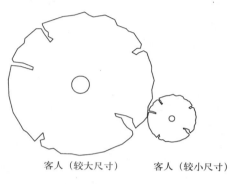

客人（较大尺寸）　　　客人（较小尺寸）

图6.10　三棵树组合

n. 四棵树组合

四棵树在群体中应该只有一个或者两个种类，不应该超过两个种类，除非不同的种类具有很相似的外观。如果四棵树是同一个种类，它们应该在形状、姿态、尺寸、高度以及彼此间的距离上有差别。

以下是在四棵树组合类型中我们应该避免的情况：

四棵树不能形成一个正方形，一条直线，或者一个等边三角形。

四棵树不应该被分成像下面情况的两个组：一个组由三棵小树构成，另一个组由一棵大树构成，或者一个组由三棵大树构成，另一个组由一棵小树构成。

它们当然也不应该被分成两个两棵的组。四棵树不应该有太相似的尺寸和姿态。

如果四棵树有两个种类，我们不应该按两个种类平均分成两组。我们当然也不能把同种类的三棵树分到一个组里，第四棵分到另一个组，因为这样的两个组趋向彼此孤立。另一个种类的第四棵树不应该偏向于布局的一边，它不应该是最大的一棵也不应该是最小的一棵。

对于四棵树的组合类型，我们推荐一些布局方式：四棵树可以被分为两个组，一个由三棵树构成，另一个由一棵树构成。最大的那一棵应该在三棵那个组里，而且组里面也应

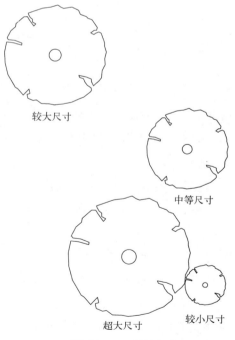

较大尺寸

中等尺寸

超大尺寸　　　较小尺寸

图6.11　四棵树组合

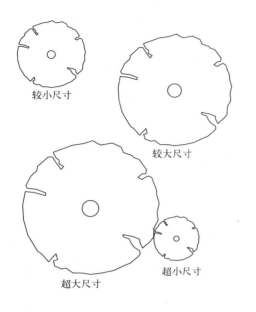

较小尺寸

较大尺寸

超大尺寸

超小尺寸

中等尺寸

图 6.12　五棵树组合

该有一些对比的地方。一棵树的那个组应该由第二大或者第三大的那棵树构成（图 6.11）。四棵树的布局可以是一个不等边三角形或者不等边而且不等角的四边形。这是四棵树组合的基本原则。种植点的轮廓也可以有所不同。

o. 五棵树组合

五棵树在一个群体里面可以是一个种类，或者全是灌木，或者全是常绿树木，或者全是落叶树木。在这种情况下，形状、姿态、尺寸和彼此间的距离都应该不一样。

理想的方式是把五棵树分成两个组，其中一个组由三棵树组成。

三棵树的组合充分利用了三棵树组合的原则，而且两棵树的组合可以利用两棵树组合的原则。两个组应该各自形成一个移动趋势的形状，而且它们的移动趋势平衡且互相呼应。

五棵树也可以分成这样两个组：一个由四棵树组成，另一个由一棵树组成。单独的树不应该是最大的树或者最小的树。两个组不应该彼此距离太远，它们的移动趋势应该相互关联（图 6.12）。

对于五棵树组合的基本布局计划是：一个不等边三角形，非正方形或者一个不等边的五边形。

在五棵树组合中应该避免以下情况：如果五棵树是两个不同的种类，它们不应该被分成两个种类完全不同的组，因为两个这样的组很难取得协调和平衡，而且很可能彼此孤立开来。

p. 六棵或者更多树的组合

组成一个群体的树越多，那么它们的组合就越复杂。但是我们可以打破群体变成几个组，然后利用更少树木的组合原则来进行设计。

孤植是一个基本的类型；两棵树组合是其他基本的类型。

一个三棵树群体可以看成是一个两棵树组与一个一棵树组的结合。

一个四棵树群体可以视为一个三棵树组与一个一棵树组的结合。

一个五棵树群体可以看成是一个四棵树组与一个一棵树组的结合，或者一个三棵树组与个两棵树组的结合。

如果我们熟悉了五棵树或者更少树的结合，那么我们在处理六棵或者以上树木的结合上就没有问题了。芥子园画谱指导里面写道：如果我们对五棵或者更少树的组合很熟悉，那么我们可以以类比的原则处理很多树组合的问题。成功的秘密就藏在其中（处理五棵或者更少树组合的原则方式）。[1]

事实上，丛植最重要的原则是继续在整体中保留对立与差异性，当对比太强烈时增强其和谐，当相似性太强时增强其对立性。因此，对于一个数目不多的组合来说，我们不能使用太多种类。当树的数量增加时，树的种类可以缓慢增加。

一个六棵树的群体可以分为一个两棵树的组和一个四棵树的组。四棵树的组又可以再分为一个三棵树的小组和一个一棵树的小组。

如果六棵树的群体里面包含了乔木和灌木，它可以被分为两个三棵树的子群体。

一个七棵树的群体可以被分为一个五棵树的子群体和一个两棵树的子群体，或者一个四棵树的子群体和一个三棵树的子群体。所使用的树木种类不应该超过三种。

一个八棵树的群体可以分为一个五棵树的子群体和一个三棵树的子群体，或者一个两棵树的子群体和一个六棵树的子群体。所使用的树木种类不应该超过四种。

一个九棵树的群体可以被分为一个三棵树的子群体和一个六棵树的子群体，或者一个五棵树的子群体和一个四棵树的子群体，或者一个两棵树的子群体和一个七棵树的子群体。所使用的树木种类不应该超过四种。

对于一个少于十五棵树的群体构成，所使用的种类不应该超过五种，除非不同种类植物的外观非常相似。

以上是一些丛植的原则。它们是重要的，但是它们不应该被作为死板的教条。要灵活运用这些原则，而且在实际设计中，也要考虑诸如场地条件和可利用来种植的空间等因素。

在丛植里，一个种类可以控制整个园林空间。如果我们想要在不同季节得到不同的场景，或者有颜色、形态、姿态的对比，那么就可以运用不同种类的植物。但是所有这些种类应该能够彼此之间取得协调而且形成一个对立统一的整体。

在中国传统风景绘画和园林以及种植设计里面，乔木、灌木，多年生或者一年生植物以及假山经常结合在一起形成岩石—植物组合（图 6.13）。

这个组合体经常被认为相当复杂而且可以创造一个生动而且自然的植被环境，它实际上已经是一个植物群落而且非常适合植物生长。如果更适宜的话，这种岩石—植被群落应该选择相对较高的位置，这样方便排水，也可以让岩石—植被在组合中突显出来。

1　孙筱祥. 园林艺术及园林设计 [M]. 北京：北京林业大学园林学院，1986：126.

图 6.13　一个岩石—植物的组合体：在留园的冠云峰

　　这种岩石—植被组合也可以充分利用公园的白墙作为背景并且形成一幅具有特定主题的"画"，或者一种"意境"。月洞门和圆形的开口以及格子窗户经常被用作丰富这幅"画"的"框架"。岩石—植被组合体经常被使用在庭院的角落里以创造出艺术情趣，或者设置在步行走廊的转角处，或者园林建筑的角落来软化建筑与园林空间的连接。

q. 群植

　　群植通常指种植 20 多种树种，表现出的是整体的美感。大规模种植可以分为单一大面积种植和混合大面积种植两种，单一种大面积种植只有一种树种，混合大面积种植是多种树种混合栽种。

　　混合大面积种植由五层要素构成：大乔木层、小乔木层、大灌木层、小灌木层、常绿地被层。植物的习性、颜色、气味还有各种植物的概况都需要在大规模种植中考虑。

　　以下是长江流域一个大面积种植的例子（图 6.14、图 6.15）：第一层是鸡爪槭，在春天还有秋

图 6.14　一个长江流域大面积种植的例子

天的时候鸡爪槭的叶子会变成红色。第二层是桂花，在 9 月份开花并且有浓郁的香味。第三、四层包括素馨花，这是常绿灌木，也有香味；栀子花，是常绿灌木，在 6 月底开花并有浓烈香味；还有桧树。地被层由萱草、玉簪、白芨还有石蒜构成，萱草在 6 月开花，玉簪喜阴，在 9 月开花，白芨也喜阴，花期从 5 月到 6 月，石蒜花期从 9 月到 10 月。这些在大面积种植中的植物在不同的季节开放，产生一个季节变换的效果。

如果我们在大面积种植中种植不同种类的小型植物，由于不同植物的生长速度不一样，我们可能会得到一个不稳定的大面积种植群。

r. 列植

列植就是带状分布的大面积种植。它可以在一个公园中分隔不同的区域，或者从城市区域中分隔出一个公园，或者沿着河边和路边栽种来遮阴。当我们使用带状种植时，我们需要注意它的整体轮廓和距离。

s. 植物与山体

植物的选择和配置需要和山的大小及形状相协调。如果在中国传统园林的人造假山当中土壤比石头多，那么假山将会大部分被相对高大的落叶树和较矮的常绿树覆盖。乔木、灌木形成了种植的主体。它们覆盖了土壤还有石头，有时候到达池塘的边缘。从远处看，整座山会显得繁茂而自然。在山上，部分阳光被树叶还有交织的树干遮挡。

拙政园中部的一座假山就是这样的一个例子。通常一座假山有三个层次的植物：乔木、灌木，还有地表植被，不过有时候灌木还有地被层会被忽略。这两个层次的种植可以和第三个层次的种植联系起来，丰富整体的多样性。较多的植物品种会被应用到这一种植类型当中，落叶树的数目通常超过常绿树。通常来说，在这种情况下种植者会让植物自由生长来营造自然的氛围。

如果一座假山中石头比土壤多，为了展示石头的构成，乔木、灌木和地被层会减少。植物也被种植得较稀疏。这样的例子可以在豫园、狮子园、留园还有环秀山庄中找到。落叶树还有常绿树的组合会更加自由并且不拘一格。

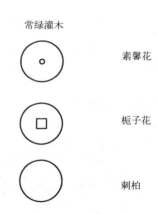

落叶树　　　　　　　　鸡爪槭

常绿树　　　　　　　　桂花

常绿灌木　　　　　　　素馨花

栀子花

刺柏

图 6.15　图 6.14 的图例

打个比方，在豫园还有狮子林中，常绿树种植在山的主要立面，而落叶树种植在背面作为烘托。

相反，在留园，落叶树种植在山的主要立面，而常绿树种植在背面。当种植在悬崖上时，无论悬崖下方有没有水，树为了从悬崖上生长出来应该有弯曲的树干。实际上，为了获得更多的阳光，树干会正常地生长并且向外边延展。如果它们被正确地修剪，它们将会自然地从悬崖中斜向外生长，并且形成优美的姿态。

t. 植物与园林建筑

在园林建筑中，不仅旁种植植物提供树荫、香味和作为欣赏的景物，而且丰富了园林建筑的立面（图 6.16、图 6.17）。围绕园林建筑的植物应该有独特的颜色、气味或者形态。我们不应该种植太多的植物环绕着园林建筑，而且应在大树和园林建筑之间保持一定的距离，以保证不影响建筑的外观还有园林建筑内部空间的采光。

如果园林建筑临水而建，为了不妨碍人们观赏水景，灌木不应该种植在面水的一方。为了不遮挡水景，植物应尽量少地沿水边种植。高大的乔木可以种在园林建筑的一旁，起到遮阳还有烘托的作用。

无论亭子坐落在山上还是水边，为了亭子不显孤立，应该种植树还有其他植物在其旁边。以下是处理植物和亭子关系的两种基本方式：

图 6.16　留园中五峰仙馆的前院

图 6.17　沧浪亭上的望山亭

　　（a）在树林环绕处建造亭子，像留园中的舒啸亭，拙政园中的待霜亭、放眼亭。

　　（b）种植少量的大乔木在亭子的周围，再种上一些矮小的植物作为装饰，如拙政园中的绿漪亭、绣绮亭、听雨轩，芙蓉榭（图 6.18），狮子林的修竹阁（图 6.19）、飞瀑亭。

图 6.18　拙政园中的芙蓉榭

图 6.19　狮子林中的修竹阁

　　作为窗前观赏的植物需要生长茂盛，有匀整的枝干和树叶。在窗外为了房子后院和庭院的采光，需要种植竹子还有其他常绿植物来遮挡封闭的墙体，给人们一种新鲜的感觉。在走廊上或者花房的前厅中，墙上的洞或者网格状的漏窗用来联系内部和外部空间，增强空间层次感，并便于欣赏景色（图 6.20）。

图 6.20　拙政园中的一个景色：网格窗被用作联系内部与外部

因此，种植在开窗或者漏窗外面的植物应该有疏朗的枝干和优雅的姿态，例如芭蕉树和竹子有着细细的叶子，只能部分遮挡开着的窗或者网格漏窗，营造一种若隐若现的景色以及诗意的氛围和意境。

其中一个例子是种植在网师园的植物，一些竹子稀疏地种植在网格漏窗的外面，院中的景色在窗外若隐若现。窗前对联的上联写着：巢安翡翠（联系绿色的竹子）春云暖，下联写着：窗护芭蕉夜雨凉。网格漏窗、竹子的组合与对联形成了一个非常富有诗意的氛围和意境。

u. 植物与水体

植物浮在水面上，长出水面和长在水边可以丰富水面的构成。在池塘的边缘，高大的落叶树作为主体，再种上一些相对矮小的植物和少量常绿树作为装饰。落叶树的树干常斜向外生长并形成优雅的姿态。如果池岸地势相对较高，园丁通常种植树枝低垂的或者具有下垂形态的植物来覆盖池塘的浅岸，并创造一个低矮的植物景观层次（图 6.21）。在池塘还有园中小路之间的植物应该种得稀疏一点。通过种植一些乔木和少量矮小的植物去丰富沿岸的景观而又不阻碍视线是很常见的手法。

图 6.21   种植树枝下垂或者具有下垂形态的植物和创造一个低矮的植物景观层次来覆盖池塘的浅岸

无论是在炎热的夏天还是寒冷的冬天，无论是在有迷雾的早晨、有月色的傍晚还是有微风的一天，池塘中的倒影都可以形成一幅美丽的画面。

因此，水生植物不应该种植在园林中跨越流水的小桥下方和临水亭子的临水面。如果一定要种植，它们的长势需要被控制到不影响水面的倒影。像睡莲那样有小叶子但不会长到水面上的植物可以用在小池塘里。除了用于养殖和给鱼类提供一个栖息环境以外，藻类植物很少被用到。

植物或者假山通常用作隐藏水的源头以创造一种没有尽头的感觉。例如，拙政园中的水域通常以大面积的水域和细长的水流来产生对比。水流的源头通常被假山所隐藏。

v. 花台和盆栽的景观（盆景）

花台被广泛用于中国传统的园林。它们通常都会被放置在一所房子的前后，或者是放在回廊旁边和园中小路附近。无论它们用什么石头砌筑而成，它们都采取自然布局的形式。只有少许的花坛用砖块和石头砌筑成一定的几何形状。一个自然式的景观会在平面和立面上采取不规则的构图和网格。它以植物和假山形成一幅"自然"的画面。

盆景也经常被使用在中国的传统园林里面，盆景的使用具有很大的灵活性，它在室内、室外都可以使用。

盆景的特点是以很小的体量（仅仅花盆的大小）能在很小的尺度中模仿真实的山、水或者树，形成一幅生动的三维的"风景画"。在中国的传统园林里，大小不同的盆栽常常被放置在园林建筑前面的平台上。

4. 植物的功能

正如我们之前已经提到的，植物除了在文化的影响和美学的思考外，其在功能方面也是需要考虑的。

a. 食用功能

即使它不是最重要的要考虑的因素，但是在中国的传统园林里面，一些植物是作为食材食用的。例如，枇杷（*Eriobotrya japonica*）、莲花（*Nelumbo nucifera*）、菊花（*Chrysanthemum* spp.）、石榴（*Punica granatum*）、西洋梨子（*Pyrus* spp.）、柿子（*Persimmon* spp.）和芭蕉（*Musa* spp.）等。

b. 过渡功能

植物能在建筑和园林之间，在水体和陆地之间等起到过渡作用。

c. 遮阳功能

和世界上的其他园林一样，中国园林中的植物也起到遮阳作用。

d. 丰富花园的空间层次和增大景深

像其他园林一样，在中国园林中，植物能使空间的层次更加丰富和具有增大景深的作用。茂盛但被适当放置的植物枝叶可营造一种"网"或"灰空间"的感觉。如果一个游客和景色的位置始终不变的时候，我们就加上这个"层"或"网"将游客和景色分隔开来，使得游客感觉景深更大，即使事实上真实的距离没有变过。

除此之外，假如我们透过一张由茂盛的植物组成的枝叶疏密有致的"网"去看风景，风景就会显得若隐若现。当然，由于"网"的密度变化，我们也会得到不同的视觉效果。在拙政园中，如果一个游客从柳荫路曲的长廊（步行走廊）看香洲（像船一样的房子），则附近的树枝成为近景，拱桥成为中景，香洲成为远景。在网师园里，如果一个游客在岸边通过茂盛的树枝看对面的走廊和亭子，那么他就会觉得更隐蔽、更广大。相似的手法在留园中也有使用。

e. 构成空间

在一些园林里面，如果那些"网"是由密集成一定形状的植物的枝叶组成的，那么它可以转化成一种"界面"或"边界"抑或"侧表面"。"界面"可以划分空间。虽然它不像建筑及花园的墙体那样清晰、具体，然而它有着自己的一些特性。如果我们认为界面是由建筑或者墙体产生的，那么由建筑和墙体两者联合产生的边界必须部分做得封闭，部分做得开敞。

举个例子，留园中部的区域就是由这两种界限组成的，依照它们的位置，这些界限可以被划分成东界面、南界面、西界面和北界面。东界限和南界限主要是由建筑组成的，植物只是作为装饰而已。西界面和水界面则是大体由树木所组成，其中西界面的植物相对茂盛，北界面的植物相对稀疏。因此，留园中部的区域形成部分封闭，部分通透的园林空间。

在一些情况下，茂盛的树木能够在划分空间上担当着一个重要的角色。就距离来说，当建筑太分散而无法形成一个有效的界限的时候，浓密的树木可以补充建筑围合的不足并可以在空间划分中担当一个重要的角色。拙政园的中部区域就是这样的一个例子。即使拙政园里面有一些园林建筑，因为它们彼此之间隔得太远使它们看起来十分分散，所以不能很有效地划分空间。因此，造园师不得不利用这些茂盛的树木来补充建筑的不足，让植物在划分空间上起到重要的作用。

当建筑、山丘和园林假山的高度不足以产生一种强烈的空间感时，枝繁叶茂的树木也可以被用来补充上述的不足。在这种情形之下，我们可以密植一些树形成一个高大的、相对稀疏的界面，补足建筑、假山和石头形成的较矮的、相对密实的界面，以加强空间的围合感。

在颐和园的谐趣园，虽然由建筑和绕湖的廊道的界限组成了一个封闭的"环"，然而空间的感觉并不是那么强烈，这是因为湖非常大，相较之下建筑显得非常矮小。幸运的是连接天空的树木界面被种植在"环"的外边，它们在建筑构成的界面上形成了一个相对通透的界面，以加强空间的感受。

在北海公园的北部地区的界面是由人造假山和石头组成的。山丘的高度是有限的而且这里的地形缓缓上升。这样就形成了空间感觉不是很强烈的问题。种植在斜坡上的枝繁叶茂的树可以弥补这种不足。树可以构成一种特别的"边界"并且在加强空间感觉的作用上扮演一个重要的角色。

f. 强化轮廓线的差异

一些传统的私家园林都是建在城市区域里面，那里的地面通常都是平坦的。为了创造对比，人们一般都是挖湖，然后用挖出来的土去堆假山。为了渲染小山、湖和园林的其他区域在高度上的差异，通常都会在假山的最高处种植高大的树木。

g. 其他实际功能

在中国园林中，植物也能被用于制造工具、艺术作品或者营建园林。竹子就是一个很好的例子。

5. 生态因素

a. 自然秩序和"宛自天开"

"天人合一"的观点实际上为中国古代园林建造提供了先进的哲学观念。自然的秩序或者法则是对自然的高度尊敬和再造，"宛自天开"成为园林设计的目标。中国传统园林的造园者缺少我们今天的科技和技术，也不像我们今天一样能以全球尺度上看"生态"。他们依靠的是长期的观察、体验和通过每代人不断尝试和失败的实践而累积的哲学思想。这些经验和哲学在今天依然很有意义和被利用的价值。

b. 植物的选择和生态学

在中国园林中使用的植物是经过严格挑选的，它们大部分都是乡土植物或是能适应当地气候的驯化物种。这样的做法可以将以后的维护工作降到最少。外来的植物受到慎用选择，人造的微气候有时可以为它们提供更有利的环境。举个例子，白墙会经常用作芭蕉树的挡风墙，因为芭蕉也曾经属于外来植物品种。

正如在其他的园林中，地貌、方位、水源、土壤湿度、土壤类型、盛行风、温度、习性和自然环境、植物的最终大小和植物之间的关系决定了植物的选择，在中国园林中也是如此。在建筑的角落或庭院里，常常会种植耐阴植物，如：茶花（*Camellia* spp.）、南天竹（*Nadina* spp.）、中国小黄杨木（*Buxus* spp.）、桂花属（*Osmanthus* spp.）、冬青属（*Ilex* spp.）和女贞（*Ligustrum lucidum*）。在丘陵区域，则会种植耐旱的松（*Pinus* spp.）、榆树（*Ulmus* spp.）、柏树（*Cupressus* spp.）、枣（*Ziziphus jujuba*）和丝兰（*Yucca* spp.）等。在靠近水道或池塘种植的植物更偏爱潮湿的土壤，像柳树（*Salix babylonica*）、杨树（*Terocarya stenoptera*）和石榴（*Punica granatum*）经常被用于装饰水景。

c. 微生态

"蝉噪林愈静，鸟鸣山更幽"。鱼、鸟、昆虫和植物都应考虑在中国园林的有机组成要素之内，鸟叫和虫鸣能产生一种宁静的感觉，驱赶园林的死寂。

传统的中国园林可以被看做一个平衡的微型"生态系统"。它的构成方式是从历代的经验和试验与失败中选择的结果。山、水、植物、鱼、鸟和建筑形成了一个资源循环和共生的方式。鱼可以用水生的植物饲养，这样还能限制植物的生长。水鸟以鱼为食，它们也能为植物施肥。而建筑起到的作用是挡风和遮阳。一个稳定的中国园林能维持自身的细致优雅，维持园林的生态平衡，使园林成为自然的一个缩影。

d. 植物的维护

中国园林中的植物有时是需要修剪和切根的，但是这跟西方园林完全不同。在中国园林中，植物并不是被修剪成一定的几何形状，而是按照造园师的观察把它们修剪成像它们自然长成的那样。按照模型去修剪树会产生奇怪的图案，通常适应环境需要一定的难度。植物也需要时间去生长以显示出它们的自然美，这个利用植物自然生长的方式减少了很多的维护工作。

第七章　关于中国园林自然式种植设计
案例研究的结论

通过对案例中自然、历史、文化背景的分析以及中国传统种植设计原理的研究，我们对自然植物种植设计进行了一番探讨。随后，将对所作的观察报告进行评估，阐明各种设计原则和模式背后的指导理论。同时，对起解释性作用的理论框架作出一定的判断并对园林设计在未来的发展给出一些建议。

1. 中国园林种植设计发展的两大基本原则

我们利用以下两个重要的原理能够更好地理解中国园林种植设计的发展及创造原则及方法，它们分别是："天人合一"的概念；文学和绘画艺术的重要影响。

a. "天人合一"的概念

天人合一的概念是最基础的思考，表达了中国园林种植设计的精髓。它主要起源于中国道教，并经过儒家、形而上学派和其他哲学学派得以发展和实现。

人不同于自然，但两者都是一个"整体"的部分，就是宇宙。"天人合一"的概念包含了以下几个层面的意思。

第一，由于人类是天地或宇宙的产物，人类应该遵循宇宙规律。

再者，自然的总体法则与人类行为准则的最高原则息息相关。生活的理想就是人与自然相和谐。人类应当与自然保持紧密和谐的关系。

一方面来说，人类需要调节自然以使得它与人类的愿望相一致，另一方面来说，人类应当尊重自然，保护自然和它的平衡。[1] 同时，赋予自然以人类正直的品质并视自然作人类，这也能使"天人合一"的思想得以实现。举个例子，"高山流水"被寓意为高贵和清白人格的象征；梅、竹、松被誉为"岁寒三友"；梅、兰、竹、菊组成"四君子"，等等，这是一个拟人化的视图。

1　周维权. 中国古典园林史 [M]. 北京：清华大学出版社，1990：336-337.

132

　　不是所有人与自然的结合都能在花园里创造出一个具有审美情趣的"意境"（艺术的概念）。这一结合必须达到"一体"的要求：使之成为一个和谐的整体。

　　"天人合一"的概念在中国园林种植设计过渡时期（公元 220 ~ 589 年）经历了一个激进的发展，特别是在晋朝（公元 265 ~ 420 年）和南北朝（公元 386 ~ 589 年）。支持自然这个哲学信条大大地影响了当时社会盛行着某种习俗的知识界以及官场的理想生活。理想人格的美曾被认为超越世俗的目光、摆脱外界的桎梏和遵从自然的规律。社会的精英们以一个全新的方式看待自然，从自然景色里面找寻、追求处世之道，和利用在道教中互相对立，然而也互相统一的辩证哲理来认识园林。他们在园林设计中有意识地追求"阴"（虚无、背阴或者雌性的实质）、"阳"（实体、明亮或者雄性的实质）和它们相对统一体之间的和谐，并且结合植物、山、水和园林建筑物成为一个系统的"整体"。"天人合一"的哲学思想在园林设计和其他园艺活动中有着更加深远的影响。[1]

　　正如我们之前所提及的，"天人合一"这个自然与道德的隐喻哲学和宇宙学的概念决定了中国园林设计从一开始就朝着自然主义的方向发展。"天人合一"的哲学思想一直贯穿和决定了中国园林设计的发展过程的全部历史，并且已经成为中国园林的审美核心和哲学思想。

　　伴随着这基本的哲学思想，我们能更容易理解我们曾经讨论过的传统中国园林设计的原则和理论：植物被看作想法的象征、情绪状态、意志、人格和道德素质，而且它们被拟人化。植物和其他园林元素应当遵循"虽由人作，宛自天开"的原则，种植设计应该保存原来存在的老树和植物的优势及利用其他有利的自然条件；植物被用作季节和空间变化转换的媒介；画家们和造园师们利用对立统一的原则去创造种植的规则是为了制作出不规则和自然的植物种植方法；密集种植法用于覆盖泥土地表和利用更多的泥土和岩石在山体上营造一种野外的氛围，而稀疏地种植植物则是利用更多的石块和泥土来展示裸岩山体的魅力。凡此总总都是在中国园林设计中表现出"天人合一"这一哲学理念的具体应用。

　　中国的园林既具有观赏性也具有实用性。建筑的美往往与自然环境的美相结合。建筑物、植物、山体和水，总是组成了一个有机的"整体"。它们彼此取长补短，相得益彰。

　　建筑物通常是园林中的一部分，"天人合一"中的一部分。内部建筑的空间和外部园林的空间也总是通过窗户和月洞门来联系彼此并形成一个有组织的"整体"。造园师们追求人为元素和自然元素的高度和谐所营造的"意境"（艺术的境界），一种"天人合一"的境界。园林建筑和植物、山体、水、自然的元素及自然风景的符号紧密和谐关系，也反映

1　周维权 . 中国古典园林史 [M]. 北京：清华大学出版社，1990：336-337.

出人们渴望超越世俗和挣脱外界枷锁以更接近自然。

b. 文学和绘画的重要影响

中国传统的思维方式强调通过类比和推论来进行综合思考及理解。不同的艺术训练能逾越自身和洞悉彼此之间的界限，并糅合在一起。中国园林设计和文学、绘画艺术之间的关系就是其中的一个例子。

文学和绘画对中国园林种植设计有着重要而显著的影响。风景文学和风景画的创作是"从自然到文化"的转化过程，然而中国园林种植设计在风景诗歌、散文和画作的帮助下则是一个"从文化到自然"的相反过程。

中国风景画、诗歌、散文着重对形、神的描绘和对思想感情的描绘。他们在作品中所表达的景色不仅仅是自然风光，同时也是他们对风景的主观诠释和总结。他们不仅描述和介绍当前他们所见、所感的景色，同时他们在客观的基础上作出想象。例如，在中国园林画作中的植物不仅仅只表现它们的自然姿态美和线条美，反映植物自然生长的规律，同时它们也表现出一种"意境"（艺术的概念）。画作中的一座山应被概括和提取来表现自然形式的秩序。这是一个"从自然到文化"的转化过程。

中国园林种植设计可以被视作在三维空间上概括和提取了自然景色的文学和绘画作品的再生和再表现，一个"从文化到自然"的转化过程。

文学和艺术对于中式园林的影响主要表现在以下几个方面：把前人诗文的境界、场景在园林中以具体的景象重现出来；运用景名、匾额、楹联等文学手段对园景作直接的点题；参考文学艺术上的创意概念、准则和方法；赋予植物道德高尚的象征意义并把它拟人化；含蓄美的运用，为景观营造一份含蓄的美；拥有表达出隐含意思和所揭示意思的这种意识，远比表达出意思本身重要；追求画境诗意以及超越风景的意境；通过意境设计者和观赏者可跨越时空无障碍沟通；古诗词对植物的影响；景观设计从"描绘现实"到"描绘现实"和"描绘感觉"相结合，再到"描绘感觉"的发展。以上都是文学和艺术对园林的重要影响。

c. 竹子在中式园林设计中既包含了"人与自然"的思想，也包含了文学与艺术的影响

竹子，以眼分节，中空的结构，笔直的线条，有着特殊的优点，形态优雅，多用途，适宜在多种环境下生长。竹子被认为是高贵优雅的象征，比如向上谦卑，易屈服但不会折服。在汉语中，竹子的"节"与廉洁的"洁"发音相同。这也衍生出"道德正直"和"不畏狂风"的象征意义。竹既有岁寒三友之一，也有四君子之一的美称。因此，竹子被认为是"天人合一"的一种植物。

正如上述所说，竹子已在中国画、诗、词、散文中广泛使用。在文学上被广泛使用，例如，

著名宋代诗人苏东坡（960～1279年）曾经讲过"宁可食无肉，不可居无竹"。竹子在园林中的应用得益于许多文人和画家众多关于竹子的作品。竹子的布置、种植和保养原则也是从竹画中借鉴的。所以说，竹子的文学和艺术作品对中式园林设计有着重要影响。

"天人合一"的思想与文学和绘画的主要影响结合在一起，这些主要体现为中国种植设计对竹子的使用。

2. 意见和建议

a. 结构、思想、准则和方法

过去几年，有一些中式园林被西方国家复制以及重建。所有建筑材料都从中国运出，并且在当地建造。重建一座中式园林的成本通常要花上数百万元。

在中国重建修复一些著名的传统中式园林是很有必要的，而在西方国家"运出"，复制和重建一些中式园林也是有必要的。在某些条件下，复制和重建的技术是可行的，但对于我们来说，这种技术用于一般景观实践既不可能也没必要。在某种意义上，当一座中式园林被运到西方国家，它已不再是一座中式园林了。即使它有相似的结构，但它已不在原有的文化背景下，超越了"天人合一"的宗旨，以及"发挥优势"的基本准则。

例如，在纽约大都会艺术博物馆内的阿斯特庭院就是苏州网师园的复制品。园林内的所有建筑、石头、植物都是根据那些原型来重建的。由于纽约寒冷的气候与苏州潮湿温和的气候完全不同，因此庭院被搬到室内且安上了天窗。阿斯特庭院不再是中式庭院，即使它的物理结构与原来的庭院十分相似，但只是原来有机的统一体的一部分。它与园林建筑的其他复杂部分，甚至是整个苏州城紧密相连，它符合苏州的环境、气候和文化，体现了天人合一的追求；而阿斯特庭院与周遭的环境，甚至是整个纽约市都格格不入，它与周围的环境和气候不相适应，必须被放在"温室"用现代化技术来加以保护。

那就证明了另一个观点——"人与自然相悖"。正因它的地点跟原来的不同，因此大多数的结构都是借网师园之景的非凡视图已不再辉煌。纽约的土壤和水分都不同于苏州，导致植物也不一样地生长，在阿斯特庭院一棵树也许会长成一丛灌木，植物的大小、芳香，甚至果实的味道和花儿都会改变。在阿斯特庭院有棵芭蕉树，但种得不恰当，它被种在没有雨滴淋在它叶子上的"温室"里，因此不会有"雨打芭蕉"的文学意境出现。事实上，阿斯特庭院跟它原型最大的不同在于文化。原本的庭院建造植根于它的文化和社会。它的园林元素不仅在于优雅的形式，同时还在于相关文化的象征意义。它们不仅建造了优美的环境，同时还表现出各种智慧与思想的结合，甚至是超越风景的意境。阿斯特庭院与苏州本地文化无关，因此也无法产生超越风景的意境。

　　如果一位著名的园林设计师在纽约设计一座园林，他不会只是复制一座中式园林，他会运用中式园林的思想、准则和方法去设计一座符合当地环境条件和文化的园林。虽然园林的构造可能不会完全与中式园林相似，但这样的园林会体现出中式园林的精髓。

　　神似远比形似重要。对于思想、原则和创作方法的掌握和运用远比复制一个园林重要。

b. 将传统中式种植设计的准则与方法运用于现代化自然主义种植设计的可能性

　　现在在中国景观设计师越来越吃香。大多数的种植设计不再由专业的画家和文学家所为，而是被景观设计师取代了。即使如此，代表着文化和景观的"从文化到自然"的宗旨，如今在现代植物设计上仍很有用。在种植设计中，我们能够带来更深层次的意义，营造出独特的审美意境，同时创造不仅是视觉上的享受，更是智慧上的融合和精神上的愉悦。在当代中国，植物的象征意义仍很重要，学术文化仍作为很重要的文学参考。把这种创新的方法移植到西方国家也是可能的，这种象征会因不同的文化背景而有所不同，但它仍能给园林爱好者、参观者和观赏者带来视觉上的享受，更是智慧上的融合和精神上的愉悦。

　　这种"从文化到自然"的创新方法要求设计者拥有文学与艺术的才能。

　　正如我们之前所提到的，中国是世界上拥有最丰富植物资源的一个国家，但是能用于园林设计上的资源却是相当有限。

　　为什么呢？

　　这主要有两个原因：

　　（1）植物在中式园林中被看做思想、情感、愿望、人格、道德的象征。野生植物缺少了和历史有关的象征意义，所以被认为不那么有价值以及不大适合园林。

　　（2）植物不是文字，通过它的样子、颜色、气味直接表达了它的象征意义。为了保留它的象征意义，植物的色调变得有限了，在某程度上某些植物就会被一直使用。如果色调增多了，每种植物所代表的象征意义可能会减少。如果用在园林的植物物种不被控制，植物的象征意义将会逐渐消失。因此，我们要把用于景观设计的植物保持一定的色调来保持它的象征意义。

　　这种植物和自然的拟人化需要被鼓励以及好好保持着。因为它会给植物和自然带来象征意义的影响。当今对于追求复古的、奇怪的、优雅的、变种的植物也还是很有意义的。对于单一种植、多种种植、大量种植、带状种植的规则需要持续下去。我们运用这些规则时要适应当地自然条件，不要让它变成一成不变的教条。创造声音效果，强调线条的美感，利用植物的颜色、气味、光与影，这样的创新运用仍是当今科技的重点。植物在园林里可以被看作用于种出果实、遮阴、改变空间排列、加深地表深度、整合空间、组成一个微型生态系统，甚至作为园林景观中的一个过渡。竹子在中式园林仍是必需的，同样地也可以用在西式园林中。

　　对于"意境"、"创新准则"和"优势"的追求，不仅对中式园林有重要的意义，也对世界上其他派别的景观设计有着同样有用的意义。

附注释的参考书目

1. 植物设计

Austin, Richard L.，Robert P. Ealy. *Elements of Planting Design*. John Wiley and Sons. 2001.
本书涵盖生态学与植物设计程序的内容，书中含有大量技术数据及图表。

Carpenter，Philip L., et al. *Plants in the Landscape*. New York: W. H. Freeman and Company, 1990.
本书是关于植物及植物设计方面的论文集，几乎谈及种植设计的所有方面，书中含有一份来自东亚的植物清单。

Clouston, Brian, ed. *Landscape Design with Plants*. Boca Raton, Florida: CRC Press, Inc., 1990.
本书是一本关于不同目的、不同地区、不同周边环境的种植设计合集，每一部分都由不同作者编写，非常完备。

Grant, John A. and Carol L. *Garden Design Illustrated*. Seattle: University of Washington Press, 1954.
本书讲述了有关生态种植、种植材料、线性轮廓、花园颜色等内容，以及一些特殊案例和新增案例。

Hackett, Brian. *Planting Design*. New York：McGraw-Hill Book Company，1979.
本书是一本完备的关于西方植物种植设计的书，其中谈及种植设计发展史、自然植物之间的关系、植物外观及其应用、种植设计与生态学、不同目的的种植设计方法。

Robinson, Florence Bell. *Planting Design*. Illinois: The Garrard Press, 1940.
本书讲述有关西方种植设计的经典案例，包括各种设计因素（如配色理论、颜色应用、质感、混合特性等）、生态因素、本地因素、个别因素及其应用。

孙筱祥. 园林艺术及园林设计 [M]. 北京：中国建筑工业出版社，2011.
本书对林学系学生非常实用，其讲述了一些适合中国的种植模式。

Wallker, Theodore D. *Planting Design*. Arizona: PDA Publishers Corporation, 1985.

本书是一本关于西方种植设计的工具书，其中包含一些有关植物的使用及设计准则、种植设计过程、种植计划及规模的准备，书中还包含大量精美插图、工程图纸及细部设计。

2. 植物种类及其特性

Anderson, A.W. *How We Got Our Flowers*. New York: Dover，1966.

本书讲述一位植物采集者手持中国菊花的一部分，在远东的故事。

Brickell, Christopher (Editor-in -Chief) and The American Horticultural Society. *Encyclopedia of Garden Plants*. New York: Macmillan Publishing Company. 1989.

本书包含了超过 8000 种植物，如灌木、藤本、乔木、花卉、水生植物、仙人掌等（4000 张彩图，以及对每种植物的生长状况、耐寒性、尺寸、形状、喜阴或喜阳、湿度要求、适宜的 pH 值等都作了标识），是一本用于植物辨识的优秀书籍。

Chandler, Philip. *Reference Lists of Ornamental Plants for Southern California Gardens*. Southern California Horticultural Society.

由"南加州园林主任"编著的完整的南加州装饰性植物名录。

Cox, E.H.M. *Plant Hunting in China*. London: Oldbourne, 1945.

本书讲述了很多欧洲、美国的著名植物采夫的故事。

Farrington, Edward I. *Ernest H. Wilson, Plant Hunter*. Boston: Stratford, 1931.

本书讲述了中国采夫的故事，他介绍了上百种中日等国的植物。

Lancaster, Roy. *What Plants Where*. Dorling Kindersley Limited, London, 1995.

本书介绍了有关植物的特性，以彩图表示植物各类属性的级别，如酸碱度、平均宽高等。

Loewer, Peter (Author and Copyright Holder). *Tough Plants for Tough Places*. Rodale Press, 1992.

本书讨论了气候、土壤、水、植物保养，以及 25 个花园设计案例研究，内含大量特定物的绘画。

Pei, Sheng-ji. *Botanical Gardens in China*. Hawaii: Harold L. Lyon Arboretum, University of Hawaii, 1984.

本书含有三页的中国植物史。

Philips, Roger and Martyn Rix. *The Botanical Garden, Volume II, Perennials and Annuals.* Firefly Books Ltd., 2002.
本书用于辨别常绿植物与落叶植物，每种植物都有彩色配图。

Siren, Osvald. *China and the Gardens of Europe of the Eighteenth Century.* New York: Ronald Press, 1950.
书中含有中国一些本地花卉的种植数据。

Stiff, Ruth L.A. *Flowers from the Royal Gardens of Kew.* University Press of New England, 1988.
本书收集了大量装饰性植物的彩图。

中国科学院华南植物研究所 . 广州植物志 [M]. 北京：科学出版社，1956.
本书是关于广州植物的记录，内含各种植物形态的插图。

Stuart, David and James Sutherland (Author and Copyright Holder). *Plants from the Past: Old Flowers for New Gardens.* Viking Penguin Inc., 1987.
本书含有一些植物的历史记载、一些好的横断式花园、迷宫式花园等。

Sunset Books and Sunset Magazine, *Sunset Western Garden Book*, Fifth Edition. Fourth Printing, March 1990.
本书是一本关于美国西部植物的百科全书，内含大量彩色照片和数据。

Wilson, E.H. *A Naturalist in Western China.* Volumes I and II. London: Cadogan Books, 1986.
本书讲述了 Wilson 有趣的工作，含有大量关于中国自然环境的描述。

Wright, Michael. *The Complete Handbook of Garden Plants.* The Rainbird Publishing Group Limites. 1984.
书中含有超过 900 种花园植物，超过 2500 张全彩插图，讲述了气候、地形、害虫、疾病、乔木、灌木、攀缘类植物、边境植物、灯饰植物、谷类植物、管状植物、岩生植物、常绿及落叶植物、水生植物等。本书适用于植物辨识。

Ying, Shao-shun. *Colored Illustration of Herbaceous Plants of Taiwan, Volume One*. Taiwan: Yin, Shao-shun, 1980.

书中含大量芳草植物的名称和插图（中英对照）。

3. 设计与广义景观

Boisset, Caroline. *Vertical Gardening*. Mitchell Beasley Publishers, 1988.

本书详细描写了攀爬植物、吊挂植物、窗台花架等装饰设计。

Ching, Franck D. K. and Ching Francis D. *Architecture: Form, Space, and Order*. John Wiley and Sons, 2nd edition, February 1996.

本书以大量插图讲述了形式、空间、组织、环境等设计原理。

Colby, Deirdre *City Gardening: Planting, Maintaining, and Designing the Urban Garden*. Michael Friedman Publishing Group, Inc.

本书讲述气候、干旱地区土壤、法规、预算、种植步骤与维护、正式与非正式设计风格，及其完工后的质感等。

Cox, Jeff. *Landscape with Nature: Using Nature's Designs to plan your Yard*. Rodale Press, Emmaus, Pennsylvania.

本书讨论如何向自然学习创造一个自然花园，以及自然花园的元素。书中含有个别植物的速写及插图。

Engel, David H. *Japanese Gardens for Today*. Tokyo and Rutland, Vermont：Charles E. Tuttle Company, 1959.

本书讲述了如何在当代西方打造日式花园。

Hobhouse, Penelope. *Color in Garden*. Little Brown and Company，1985.

本书以大量彩图讨论了自然颜色及各种不同颜色的植物。

Hobhouse Penelope and Elvin McDonald (Editor). *Gardens of the World: The Arts and Practice of Gardening*. 1991.

本论文集涵盖了玫瑰及玫瑰花园，几何形式花园，郁金香及春蕾，日式花园，花田花园，热带雨林花园，乡村花园及市民花园等的内容，书中附带大量彩图及手绘图。

Hobhouse, Penelope. *Penelope Hobhouse's Garden Designs*. Henry Holt and Company, Inc. May 1997.

本书含有 23 个 Penelope Hobhouse 及其伙伴设计的花园设计案例分析，书中附带大量彩色照片及绘图。

Hobhouse, Penelope. *The Story of Gardening*. DK Publishing, 1st edition, November 1, 2002.

本书讲述了不同文化、不同时代背景下的花园，附带大量精美彩图及名画复印版，以及植物迁移的章节。

Jellicoe, Geoffrey and Susan. *The Landscape of Man: Shaping the Environment from Prehistory to Present Day*. London: Thames and Hudson Ltd., 1975.

本书对景观建筑系的学生很实用，讲述了不同文化下的景观及建筑，书中附带很多珍贵照片。

Kuck, Loraine E. *The World of Japanese Garden: From Chinese Origins to Modern Landscape Art*. Weatherhill, Inc., 1968.

本书详尽地讲述了日式庭院和中国传统庭院的历史，包括对中日传统景观的对比，以及日本著名庭院案例的研究。

Loxton, Howard (Editor). *The Garden: A Celebration*. David Bateman Ltd, 1991.

本书讲述了不同文化背景下的花园历史，内含大量著名花园、植物园、花园设计、世界著名花园实践的照片，是一本很好的参考书。

Morris, A.E.J. *History of Urban Form: Before the Industrial Revolutions*. England: Longman Scientific and Technical, Longman Group UK Limited, 1979. Reprinted 1990.

本书含大量手绘图及照片，适合建筑学、景观建筑学、城市规划设计等专业的学生参考。

Murphy, Wendy B and the Editors of Time-Life Books. *Japanese Gardens*. Time-Life Books, Inc., 1979.

本书记载了大量精美的日本庭院图片，以及关于其历史、类型、设计技术的文章，随书附送日本植物彩印手册。

Reid, Grant W. *From Concept to Form: In Landscape Design*. John Wiley and Sons. May 20, 1993.

各种几何学图表、自然学图表、原理和案例研究。

Sawano, Takashi. *Creating Your Own Japanese Garden*. Japan Pubns, December 1, 1999.

这是一本关于研究不同风格的日式庭院及其历史发展的充满趣味性的书，同时涵盖了教你如何在西方国家中建造日本风格的庭院。

Tankard, Judith B. *The Gardens of Ellen Biddle Shipman: A History of Woman in Landscape Architecture*. Sagapress. September 1996.

本书包含了 Ellen Biddle Shipman 的许多项目，以及有关几何形式和自然形式的植物设计的大量案例。还包括花床安放重点和细节的优秀案例。

4. 中国园林

Chen, Lifang. Yu, Sianlin. *The Garden Art of China*. Portland, Oregon: Timber Press, 1986.

一些基本的中国园林案例和设计原理，附带长达 16 页的植物设计原理。一份不同用途和季节性的中国植物的清单。

Engel, David H. *Creating a Chinese Garden*. Portland, Oregon: Timber Press, 1986.

一些设计原理和一份关于植物的学术性名字、常用名字和拼音的清单。

Graham, Dorothy. *Chinese Gardens: Gardens of the Contemporary Scene: An Account of Their Design and Symbolism*. New York: Dodd, Mead and Company, Inc.. 1938.

中国园林的编年著作。

He, Zhengqiang, et al. *Die Gärten Chinas*. Köln: Eugen Diederichs Verlag GmbH and Co. KG, 1983.

本书包含大量优秀的黑白插画和彩色经典园林图片，还有一些苏州园林的平面图和剖面图。

Hu, Yunhua, et al. *Penjing: The Chinese Art of Miniature Gardens*. Beaverton, Oregon: Timber Press, 1982.

本书为中国盆景营造概述，附有中国盆景种类的名册。

计成 . 园冶 [M]. 纽黑文，伦敦：耶鲁大学出版社，1988.
本书为中国园林的经典著作。

Keswick, Maggie. *The Chinese Garden: History, Art and Architecture*. New York: Rizzoli International Publications, Inc., 1978.
本书阐述了中国园林的基本历史，其中有 19 页是关于花朵、树木和药草的。本书由 Charles Jencks 撰写致谢和结论。

刘敦桢等 . 苏州古典园林 [M]. 北京：中国建筑工业出版社，1978.
本书包括一些中国园林的基本设计原理和详细图片，还有苏州园林的平面图、剖面图及黑白图片。

McFadden, Dorothy Loa. *Oriental Gardens in America: A Visitor's Guide*.1976.
本书是关于美国的一些东方园林和东方文化风格园林的影响，附有早期植物标本采集者的切片和中国古代园林注解文献。

Morris, Edwin T. *The Gardens of China: History, Art and Meanings*. New York: Charles Scribner's Sons, 1983.
本书是关于诗人、画家和学者的描述，附有 16 页的"园林种植"节选：有什么植物和它们的用途内涵，还有一部分被定为"中国园林适用于美国吗"。

Muck, Alfreda, and Wen, Fong. *A Chinese Garden Court: The Astor Court at The Metropolitan Museum of Art*. New York: Metropolitan Museum of Art. 1980.
本书介绍 the Astor Court——苏州网师园园林的再现，附有 7 页的山石植物节选。

Norer, Gunther. *Der Chinesische Gärten*. Wien：Ariadne Verlag，1975.
本书为德文版，包括很多精彩的黑白图片。

彭一刚 . 中国古典园林分析 [M]. 北京：中国建筑工业出版社，1988.
中国园林历史的基本描述。附有大量关于皇家园林、私人花园（北京、苏州、广东）和名胜公园、寺庙庭院的彩色图片，通俗易懂。

乔匀等 . Classical Chinese Gardens. 香港：三联书店 . 北京：中国建筑工业出版社，1982.

本书主要描述了中国园林史。本书通过精美的彩色照片，记录了中国的皇家园林，北京、苏州和广东的私家园林，自然风景园林和坛庙园林，内容全面。

Ting, Bao-Lian, et al. *Suzhou Gardens*. Hong Kong: Tai Dao Publishing Ltd, 1987.
本书包括苏州园林各个经典园林的基本描述，含有大量优秀的彩色图片（中文、英文、日文）。

Tsu, Frances Ya-sing. *Landscape Design in Chinese Gardens*. San Francisco: McGraw-Hill Book Company, 1988.
中国园林原理的综合观点。中国园林和欧洲园林的比较，正如中国园林和日本园林的比较。经典园林的平面图、中国朝代编年史和中英双语的中国园林名称。

童寯. 中国园林：江南园林 [J]. 天下月刊，1936，3（3）.
中国园林的早期作品之一，包括一些作者自身的观点。

Yan, Hongxun. *The Classical Gardens of China: History and Design Techniques*. New York: Van Nostrand Reinhold Company Inc. 1982.
中国园林的历史概述和设计原理，附有大观园的部分。

宗白华等. 中国园林艺术概观 [M]. 南京：江苏人民出版社，1987.
中国园林著作收藏。主题是苏州园林植物景观艺术性观赏（中文）。

周维权. 中国古典园林史 [M]. 北京：清华大学出版社，1990.
本书是第一本完整综合的中国园林历史，是关于中国园林的每个历史重要时期的总结和古代中国文学的书志。

5. 其他

De Blij，Harm J. *Man Shaping the Earth: A Topical Geography*. Santa Barbara, California: Hamilton Publishing Company, 1974.
一本令学生在地理、地质学和建筑景观方面获益良多的书，包含十个主题：景观、文明、人口、文化、宗教、政治、农业、制造业、城市和海洋，还有中国的一些资料。

Domrös, Manfred and Peng, Gongbing. *The Climate of China*. New York: Spring-Verlag, 1988.
本书包含了一些中国文明的详细信息。

李华瞻，戚志蓉. 丰子恺论艺术 [M]. 上海：复旦大学出版社，1985.
本书包含了中国著名艺术家丰子恺先生的艺术作品以及一些关于艺术、国画和油画根源的文章（中文）。

丰子恺. 绘画与文学 [M]. 香港：远东图书股份有限公司，1934.
本书包含了丰子恺大量关于文学和绘画的论文。

高振农. 中国佛教 [M]. 上海：上海社会科学院出版社，1986.
本书是一本关于中国佛教内容的书，包括：佛教的起源、中国佛教的介绍、中国佛教和其他国家佛教的关系（中文）。

Gong Xian, et al. *The Theory of (Chinese) Landscape Painting*. Taibei, Taiwan: Art Book Publishing Company , 1975.
本书包括了不同历史时期的人关于传统中国山水画的经典文章。

Hsieh, Chiao-min (Xie, Jiaomin). *Atlas of China*. San Francisco: McGraw-Hill Book Company, 1973.
一本包含中国地形和植物分布的优秀的书。

Jing jia, Tang, ed. *Chinese Painting*. Tokyo: Bien Li Tang, Ju Shi Hui She, 1986.
本书包含许多绝佳的传统中国山水画（用中国人能看懂的日文编写）。

李泽厚. 美的历程 [M]. 北京：文物出版社，1988.
一本通俗易懂的中国美学编年书籍。附有宋朝和元朝的部分山水画及一些杰出中国山水画的临摹。

Radice, Betty (Translator). *The Letters of the Younger Pliny*. Penguin Books, 1969.
本书包含 Younger Pliny 的大量书信，分成十份，涵盖了古罗马的生活面貌，古罗马庭院和植物设计的言论。

Wang, Zhenhua. "The Meaning and Image of Hua Xia [an ancient name of China]—The Specific Techniques and Connotations of Chinese Architecture." *New Exposition and Argument of Chinese Culture: Art Section*. Taibei: Lianjin Publishing Company, 1981.

本书包含一些影响中国建筑发展的关于自然、经济、社会、政治和意识形态的部分。

Ye, Duzheng et al., ed. *The Climate of China and Global Climate*. New York: Springer-Verlag, 1987.

本书涵盖了文明进程北京国际学术报告会的会议内容，包含了中国 2000 年文明历史和文明演变的地貌风气。

附　录

附录1 中国园林常见植物象征意义说明表

拉丁名	用名	象征
Bambusa spp.	竹子	1)"岁寒三友",象征着患难见真情 2)"梅兰竹菊"四君子 3)在中文里竹"节"的读音和"洁"字相同:代表正直、谦虚等高尚的美德,亦代表能伸能屈
Camellia spp.	山茶花	1)建议野生和用于装饰在花园假山 2)象征美丽的女人
Chrysanthemum spp.	菊花	与"长寿、长久"有关,被称为"晚香",生命力顽强,傲寒凌霜
Citrus medica	佛手柑	是长寿的另一种象征
Cymbidium spp.	兰花	香味象征光荣的友谊与正直 "春兰",春天花的代表 "四君子"
Diospyros spp.	柿子树	在中国文化中象征欢乐
Eriobotrya japonica	枇杷	1)与中国诗歌和散文中出现的古典乐器"琵琶"同音 2)金色果实
Firmiana simplex 或 *Sterculia platanifolia*	梧桐	中国传说中凤凰的栖木
Koelreuteria bipinnata	栾树	经常与社会层次结构相联系:为统治者种植于墓地
Magnolia demudata	玉兰	代表纯洁
Morus alba	桑树	思念之树或爱之树
Musa spp.	芭蕉树	自我完善 听雨打芭蕉的凄凉声音成为花园一景
Narcissus tazetta var. *orientals*	水仙	指"凌波仙子"
Nelumbo nucifera	莲花	象征纯净,"出淤泥而不染" 象征友谊、和平 在儒学、道教、佛教中有特别的含义 "夏莲" 雨点轻打在荷叶上的声音是花园一景
Paeonia suffruticosa	牡丹	花中之王,它缤纷的花朵代表了贵族、财富、等级、繁荣、荣誉和美丽的女人
Populus spp.	白杨	经常与社会层次结构相联系:平民种植于墓地

续表

拉丁名	用名	象征
Pinus spp.	松树	1）"岁寒三友" 2）涉及社会的层次结构：统治者在墓地种植
Prunus spp.	梅	1）"岁寒三友" 2）"四君子" 3）象征着百折不挠的精神，预示着春天的到来
Prunus persica	桃	春天、婚姻和爱情、长寿的象征
Punica granatum	石榴	吉祥的象征：代表多子多福，意味着繁荣、人丁兴旺
Pyrus spp.	梨	象征长寿，但比较温和 意味着好的政府
Rhododendron spp.	映山红	表示山野情趣，用来装饰在花园的假山（或人造山）
Rosa spp.	玫瑰	1）永远绽放 2）表达爱情
Salix babylonica	垂柳	1）佛教文化中的圣物 2）用来描述中国文学中的女性："柳叶眉"
Sophora japonica	国槐	涉及社会的层次结构：为学者种在墓地
Thuja orientalis	侧柏	涉及社会的层次结构：为王子种在墓地

附录 2 植物名录表

在中国园林中最常用的植物列表[1]   表6.1

a. 树林和遮阴树

常绿针叶树	
Abies firma	日本冷杉
Abies koreana	朝鲜冷杉
Cedrus brevifolia	短叶雪松
Cedrus deodara	雪松
Chamaecyparis obtuse	红桧
Cryptomeria japonica	柳杉
Pinus aspera	马尾松
Pinus brutia	卡拉布里亚松
Pinus bungeana	白皮松
Pinus densiflora	赤松
Pinus parviflora	五针松
Pinus pinaster	马尾松
Pinus taiwanensis	黄山松
Pinus thunbergii	黑松
Platycladus orientalis	侧柏
Podocarpus macrophyllus	罗汉松

落叶针叶林	
Metasequoia glyptostroboides	水杉
Pseudolarix kaempferi	金钱松
Taxodium distichum var. *nutans*	变种落羽杉
Taxodium distichum	落羽杉

---

1 本列表经由作者研究编制。植物名称遵照《国际植物命名法》。

续表

常绿阔叶树	
Cinnamomum camphora	香樟树
Ficus microcarpa nitida	小叶榕

落叶阔叶树	
Aesculus chinensis	七叶树
Castanea mollissima	板栗
Catalpa ovata	梓树
Celtis sinensis	朴树
Fraxinus chinensis	白蜡树
Firmiana simplex	梧桐
Gleditsia sinensis	皂荚树
Koelreuteria bipinnata	羽叶栾树
Liquidambar formosana	枫香
Liquidambar orientalis	苏合香
Nyssa sinensis	蓝果树
Phellodendron amurense	黄柏
Populus lasiocarpa	大叶杨
Pterocarya stenoptera	枫杨
Quercus acutissima	锯齿榆树
Salix babylonica	垂柳
Sapium sebiferum	乌柏
Sophora japonica	槐树
Tilia japonica	华东椴
Ulmus parvifolia	榔榆

b. 果树

常绿树	
Cherry Rosaceae	樱桃
Citrus	柠檬
Citrus medica	香橼

常绿树	
Citrus sinensis	甜橙
Clausena lansium	黄皮树
Dimocarpus longgana Lour.	龙眼
Ensete ventricosum	非洲蕉
Eriobotrya japonica	枇杷
Fortunella margarita	金橘
Ilex cornuta	枸骨
Litchi chinensis	荔枝
Morus alba	蚕桑
Musa acuminate	香蕉
Musa paradisiacal	粉芭蕉
Myrica rubra	杨梅
Prunus campanulata	台湾樱花
Prunus salicina	日本秋玫瑰
Prunus tomentosa	毛樱桃

落叶树	
Apple Rosaceae	苹果
Apricot Rosaceae	杏
Averrhoa carambola	杨桃
Chaenomeles spp. (species)	海棠
	沙果
Diospyros kaki	柿子
Prunus salicina	日本李
Prunus persica	桃
Prunus persica nucipersica	油桃
Punica granatum	石榴
Pyrus bretschneideri	白梨
Pyrus pyrifolia	沙梨
Pyrus communis	西洋梨
Ziziphus jujube	大枣

c. 枝繁叶茂的大树

常绿树	
Aucuba japonica	桃叶珊瑚
Buxus sempervirens	英国黄杨
Fatsia japonica	日本楤木
Ilex cornuta	枸骨
Ligustrum lucidum	尖叶女贞
Rhapis excelsa	棕竹
Strelitzia nicolai	尼古拉鹤望兰

落叶树	
Acer truncatum spp.（=subspecies）	元宝枫
Ginkgo biloba	银杏
Liquidambar formosana	枫香
Sapium sebiferum	乌桕
Populus tomentosa	毛白杨
Prunus mume	梅
Salix babylonica	垂柳

d. 灌木

常绿灌木	
Aspidistra elatior	一叶兰
Aucuba japonica	日本粳稻
Buxus sempervirens	黄杨
Elaeagnus pungens	银果颓子
Fatsia japonica	八角金盘
Hibisicus rosa-sinensis	扶桑花
Ilex glabra	美洲冬青
Ilex vomitoria nana	矮冬青
Ilex yunnanensis	云南冬青

续表

常绿灌木	
Ixora chinensis	仙丹花
Jasminum mesnyi	黄馨
Jasminum odoratissimun	茉莉
Jasminum officinale	白茉莉
Juniperus chinensis	桧柏
Juniperus chinensis sargentii	桧柏琼花
Michelia alba	白兰花
Nandina domestica	白兰花
Osmanthus serrulatus	桂花
Osmanthus heterophyllus	冬青桂花
Photinia serrulata	石楠
Pinus mugo var. *mugo*	中欧山松
Rhododendron molle	杜鹃花
Taxus chinensis	红豆杉
Viburnum odoratissimum	珊瑚树

落叶灌木	
Abelia chinensis	六道木
Berberis thunbergii	日本小檗
Chimonanthus praecox	蜡梅
Clethra alnifolia	山柳
Corylopsis sinensis	蜡瓣花
Deutzia scabra	溲疏
Elaeagnus umbellate	胡颓子
Forsythia viridissima	细叶连翘
Hamamelis mollis	金缕梅
Hibiscus syriacus	木槿
Ilex verticillata	美洲冬青
Potentilla chinensis	委陵菜
Rhododendron arborescens	树形杜鹃
Rhododendron calendulaceum	火焰映山红

续表

落叶灌木	
Rosa chinensis	月季
Rosa odorata	香水月季
Syringa chinensis	紫丁香
Viburnum setigerum	茶荚蒾

e. 草本开花或水生植物

Aconitum fischeri	白附子
Aster tataricus	紫菀
Callistephus chinensis	翠菊
Camellia japonica	山花
Chimonanthus praecox	蜡梅
Chrysanthemum spp.	
Chrysanthemum compositae	菊花
Cymbidium ensifolium	建兰
Cymbidium kanran	寒兰
Cymbidium sinensis	墨兰
Dahlia pinnata	天竺牡丹
Dendranthema morifolium	菊花
Dianthus caryophllus	康乃馨
Equisetum hiemale	木贼草
Fomes japonicus	灵芝草
Fuchsia albo-coccinea	白萼倒挂金钟
Fuchsia hybrida	吊钟花
Gardenia jasminoides	黄栀子
Gladiolus gandavensis	唐菖蒲
Hemerocallis fulva	萱草
Iris spp.	鸢尾
Liriope spicata	麦冬
Narcissus tazetta var. *orientalis*	多花水仙

续表

Nelumbo nucifera	莲
Nymphaea alba	睡莲
Orychophragmus spp.	
Paeonia spp.	牡丹
Phragmites spp.	芦苇
Polygonum orientale	千穗谷
Prunus mume	李子树
Rhododendron pulchrum	杜鹃花
Rosa chinensis	月季花
Thea sinensis	山茶花
Trapa bicornis	菱角

f. 竹子

Arundinaria amabilis	青篱竹
Arundinaria disticha	矮型竹
Arundinaria pseudo-amabilis	
Bambusa multiplex	孝顺竹
Bambusa multiplex 'Golden Goddess'	金色女神竹
Bambusa multiplex riviereorum	观音竹
Bambusa oldhamii	甜竹
Bambusa textilis	蒿
Bambusa ventricosa	佛肚竹
Chimonobambusa quadrangularis	方竹
Indocalamus latifolius	麻竹
Indocalamus nanunicus	长舌茶竿竹
Lingnania chungii	粉单竹
Nipponocalamus fortunei	
Phyllostachys aurea	金丝竹
Phyllostachys nigra	紫竹
Phyllostachys pubescens	毛竹

续表

Phyllostachys bambusoides	桂竹
Pseudosasa japonica	箭竹
Sasa palmata	绩古丹竹
Shibataea chinensis	鹅毛竹
Sinarundinaria nitida	高山竹
Sinobambusa intermedia	晾衫竹

g. 蕨类

Akebia quinata	木通
Bignonia grandiflora	凌霄
Bougainvillea glabra spectabilis	三角梅
Clematis chinensis	威灵仙
Ficus pumila	无花果
Hedera helix	常春藤
Lonicera japonica chinensis	金银花
Trachelospermum jasminoides	络石藤
Vitis vinifera	欧洲葡萄
Wisteria sinensis	紫藤

在许多中国园林中四季常用的一些观赏植物　　表6.2

春季	
Begonia semperflorens	秋海棠
Cymbidium orchidacae	兰花
Magnolia	玉兰
Narcissus tazetta orientalis	水仙
Paeonia suffruticosa	牡丹
Pyrus kawakamii	台湾野梨

续表

夏季	
Dianthus chinensis	石竹
Gladiolus gandavensis	剑兰
Jasminum officinale	素馨
Nelumbo nucifera	荷花
Rhododendron japonicum	闹羊花
Rosa chinensis	月季

秋季	
Chrysanthemum compositae	菊花
Hibiscus rosa-sinensis	扶桑
Osmanthus fragrans	甜橄榄

冬季	
Camellia reticulate	山茶花
Chimonanthus praecox	蜡梅
Dendranthema morifolium	菊花
Prunus mume	梅花
Rhododendron mucronatum	杜鹃

附录 3　汉语拼音与威氏拼音系统（海外华人的发音方法）及类似的英文发音

拼音	威氏拼音	英文
a	a	"farm" 中的 "a"
b	p	"box" 中的 "b"
c	ts	"hits" 中的 "ts"
d	t	"door" 中的 "d"
e	e	"term" 中的 "e"
f	f	"fog" 中的 "f"
g	g	"ger" 中的 "g"
h	h	"hot" 中的 "h"
i	i	"easy" 中的 "ea"；bird中的 "ir"，当音节中有 "c, ch, r, s, sh, z, zh"
ie	ie	"yes" 中的 "ye"
j	ch	"jack" 中的 "j"
k	k	"key" 中的 "k"
l	I	"law" 中的 "l"
m	m	"moon" 中的 "m"
n	n	"nice" 中的 "n"
o	o	"law" 中的 "aw"，或 "look" 中的 "oo"
p	p	"part" 中的 "p"
q	ch	"cheese" 中的 "ch"
r	j	"rose" 中的 "r" 但没卷音
s	s, ss, sz	"star" 中的 "s"
sh	sh	"shoe" 中的 "sh"
t	t	"turn" 中的 "t"
u	u	"zoo" 中的 "oo"
v	v	用在一些方言或少数民族的发音
w	w	"Wet" 中的 "w"
x	x	"shore" 中的 "sh"
y	y	"yes" 中的 "y"
z	z	"zebra" 中的 "z"
zh	zh	"jeep" 中的 "j"

附录4 本书引用的园林和景点

a. 美国

1) 中央公园
联系：中央公园管理处
纽约东 14 第 60 大街　NY10022
电话：212-310-6600
contact@centralparknyc.org
网址：http://www.centralparknyc.org/

2) 华盛顿特区，林荫大道
指南：国家广场处于康涅狄格州和独立大道中
地址：华盛顿特区
电话：202—485—9880
网址：http://xroads.virginia.edu/~CAP/MALL/homel.html

3) 美国大峡谷
联系：中央公园大峡谷
邮政信箱：129 大峡谷　AZ　86023
电话：928—638—7888
Deanna_prather@nps.gov
网址：http://www.nps.gov/grca

4) J·保罗·盖蒂博物馆（新盖蒂中心）
洛杉矶，盖蒂博士中心 1200 号
电话：310—440—7300
网址：http://www.getty.edu/

5) 盖蒂别墅博物馆（旧盖蒂博物馆）
马里布，太平洋海岸高速公路 17985 号　CA90265

电话：（310）458—2003

网址：http://www.getty.edu/museum/villa.html

b. 法国

凡尔赛宫：巴黎西南方向数英里

联系：mcassandro@chateauversailles.fr

网址：http://www.chateauversailles.fr/en/

被联合国教科文组织列为世界文化遗产名录 http://whc.unesco.org/sites/83.htm

c. 中国

1）皇家园林

● 颐和园

中国北京旧城外 20 里

被别联合国教科文组织列为世界遗产名录 http://whc.unesco.org/sites/880.htm

● 承德避暑山庄

距离北京 175 公里。每日有旅游车发送

被联合国世界教科文组织列为世界保护遗产 http://whc.unesco.org/sites/703.htm

2）苏州园林

被联合国教科文组织列为世界遗产名录 http://whc.unesco.org/sites/813bis.htm

● 拙政园

中国江苏省，苏州东北街 178 邮编 215001

电话：0512—67539869

● 留园

中国江苏省，苏州留园路 79 号 邮编 215008

电话：0512—65337903

● 网师园

中国江苏省，苏州阔街头巷 11 号 邮编 215006

电话：0512—65203514

● 沧浪亭

中国江苏省，苏州沧浪街 3 号 邮编 215007

电话：0512—651943754

● 狮子林

中国江苏省，苏州园林路 23 号 邮编 215001

电话：0512—67278316

● 怡园

中国江苏省，苏州人民路 343 号　邮编 215005

电话：0512—65249317

● 天平山

中国江苏省，苏州市木渎天平山

电话：0512—66578763

d. 北美的中式园林

1）波特兰中国古典园林

醒兰园（兰苏园）

街道地址：波特兰埃弗雷特西北第 3 区　邮编 OR 97208

电话：502—228—8183

网址：http://www.portlandchinesegarden.org/home

2）西雅图的中国花园：西花园

西雅图社区学院

街道地址：第 16 大道（北入口）6000 美国俄勒冈州，西雅图

电话：206-282-8040 分机 100

网址：http://www.seattle-chinese-garden .org/frameset.html

3）亨廷顿的中国花园

亨廷顿正在建一个新的中国花园

开幕时间是 2007 年

圣马力诺，牛津路 1151 号 CA 91108

电话：626-405-2100

网址：http://www.huntington.org/ChineseGarden.html

4）深度感受（overfelt）中国古典园林

圣荷西麦基路 2145 号，学园道

电话：408-251-3323

网址：http://www.scu.edu/SCU/Programs/Diversity/overfelt.html

5）纽约，斯塔恩植物园里的中式学者庭院
里士满台地（terrace 或者另翻译为布莱顿霍夫城市学院）1000 号
斯塔恩岛，NY10301
电话：718-273-8200
网址：http://www.chinesegardennyc.com/Homeimage.html

6）孙逸仙博士花园，加拿大，温哥华
卡洛尔街 578 号
唐人街 温哥华，不列颠哥伦比亚省，V6B5K2
电话：604-662-3207
传真：604-682-4008
网址：http://www.discovervancouver.com/sun/
电子邮箱 :sunyasten@bc.sympatico.ca

7）梦幻湖公园
蒙特利尔植物园里的中国花园
东 Sherbroke 街 4101 蒙特利尔城，魁北克市
邮编：H1X2B2
电话：（514）872-9677
传真：（514）872-3765
网址：http://www.wille.montreal.qc.ca/jardin/en/chine/chine.html
电子邮箱 :jardin-botanique@ville.montreal.qc.ca

北美的其他中国园林和中式花园可以在中国古典园林社会网找到：
http://www.chinesegarden.org/links.html

附录 5　图录

附录6　致谢

首先，我很感谢在纽约城市大学（CCNY）的建筑、城市规划和景观建筑学的毕业项目导师、美国景观建筑协会的斯坦博士（Achva Benzinberg Stein），是她对景观设计的热情和对我的不断的鼓励和耐心才让我完成了这本著作。我同时也很想感谢ACSA的杰出教授、荣誉教授，南加州大学（USC）建筑学院的临时景观建筑设计导师，美国建筑师协会会员罗伯特·H·哈里斯先生。我也深深感激南加州大学的马克·席勒教授和来自美国景色美化设计师协会的洛杉矶副城市规划师、南加州大学景观建筑项目结构师马克·奥布莱恩教授。在我编写这本书的原稿时，我得到了南加州大学东亚语言和文化系的多米尼克教授的协助，在此我要对占用他的宝贵时间表示歉意并且向他对我无所不至的帮助与有价值的建议表示感激。我也很感谢唐纳德·B先生发现了我的原稿，也感激保存了我的手稿十年之久的前同事阿曼达先生，是他这样妥善的保存才能使这本著作得以出版。我还要感谢南加州大学建筑与现代艺术图书馆里的路德·瓦拉赫先生和他的同事，因为他们曾经帮助我找到了那些很难找到的相关书籍。

对一个复杂而又历史悠久的科目进行探索难免会参考这个方面的佼佼者的成果。感谢下列研究和书籍提供的鲜活的素材和历史档案：刘敦桢《苏州古典园林》（1978年）；彭一刚《中国古典园林分析》（1988年）；孙筱祥《园林艺术及园林设计》（1986年）；周维权《中国古典园林史》（1990年）。另外，谢教民的《中国地图集》（1973年）和麦琪·凯瑟克的《中国园林：历史、艺术和建筑》（1978年）是标题为"自然景观"与"景观和图解"章节的主要数据源。我也同时参考了：朱亚星《中国园林中的景观设计》（1988年）；1956年由华南林业研究院完成的《广州植物集》；佩内洛普·霍布豪斯的《园林的故事》，霍华德·洛克斯顿《园林：一个庆典》，洛瑞·E·库克的《日式园林的世界：从中国起源到现代景观艺术》，戴维·H·恩格尔的《形式、空间与秩序》，弗洛伦斯·贝尔·鲁滨逊的《种植设计》和布莱恩·哈克特的《景观设计》。尽管我已经尽力尝试让这份名单完整，但是最终难免仍会有纰漏。我在这里想向这些书籍、资料和他们的作者致以最诚挚的感谢。

非常感谢我的中国家人帮助我拿到了有关中国园林的最新书籍和杂志。我想感谢我的父亲陈佳贤，母亲于根，我的外甥陈坚城和其他家庭成员，感谢他们为我摄影了许多中国园林的景观设计图片。

这些相片、手稿还有图画除非署名否则都是本人所有。

最后，我想感谢我的妻子筱婕在所有研究方面给予我的最大的帮助和我的女儿艾丽斯、艾米和安吉拉对我工作的理解。